数据可视化与领域应用案例

陈红倩 著

U0209344

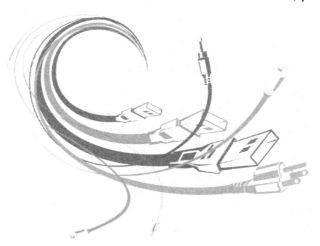

机 械 工 业 出 版 社

本书针对不同领域的多种数据集，包括仿真领域数据集、影视领域数据集、服务器管理数据集、空气质量数据集、农药残留检测数据集等，通过分析数据中的分析需求，设计适用有效的可视化方法，并通过可视化方法和技术手段对数据进行分析，得出了相应的分析结论，所提出的可视化方法包括过程可视化、时序可视化、空间可视化、实时可视化、对比可视化、倾向性可视化和多关系可视化等。

本书可作为计算机、信息等相关专业的教师、研究生和大学高年级学生的参考书，也适合于从事数据可视化、大数据分析、数据挖掘、知识发现等方面的研究人员和技术人员阅读使用。

图书在版编目（CIP）数据

数据可视化与领域应用案例/陈红倩著. —北京：机械工业出版社，2019.5

ISBN 978-7-111-62537-7

Ⅰ.①数… Ⅱ.①陈… Ⅲ.①数据处理 Ⅳ.①TP274

中国版本图书馆 CIP 数据核字（2019）第 072557 号

机械工业出版社（北京市百万庄大街 22 号 邮政编码 100037）
策划编辑：吕 潇 责任编辑：吕 潇
责任校对：陈 越 封面设计：马精明
责任印制：张 博
三河市宏达印刷有限公司印刷
2019 年 6 月第 1 版第 1 次印刷
184mm×240mm·11 印张·4 插页·195 千字
0001—2500 册
标准书号：ISBN 978-7-111-62537-7
定价：59.00 元

凡购本书，如有缺页、倒页、脱页，由本社发行部调换

电话服务　　　　　　　　　　网络服务

服务咨询热线：010-88361066　机工官网：www.cmpbook.com

读者购书热线：010-68326294　机工官博：weibo.com/cmp1952

　　　　　　　　　　　　　　金书网：www.golden-book.com

封面无防伪标均为盗版　　教育服务网：www.cmpedu.com

前　言

数据可视化（Data Visualization）是利用计算机图形学和图像处理技术，将数据转换成图形或图像在屏幕上显示出来，并进行交互处理的理论、方法和技术。2013 年孟小峰教授[1]明确指出："可视化技术是数据分析与信息获取的重要手段。"2013 年麦肯锡咨询报告[2]指出："可视化技术已经成为处理数据的关键技术。"

数据可视化以直观方式表达抽象信息，使得用户能够目睹、探索以至快速理解大量的信息，能有效吸引人们的注意力，其已经被证明为一种提高信息获取能力的有效方法，并在实践中得到了广泛的应用。数据可视化的发展，让数据的呈现更及时、更直观、更简单。

随着数据容量和复杂性的与日俱增，大数据可视化的需求越来越大，成为人类对信息的一种新的阅读和理解方式。通过大数据可视化手段进行数据分析，可以实现从错综复杂的数据中挖掘信息，再通过可视化的方式展示出来，使读者对数据的空间分布模式、趋势、相关性和统计信息一目了然。

本书以作者近几年来的研究工作为基础，阐述了作者本人及研究团队在可视化方面的技术研究工作，并结合这些可视化技术，针对不同领域的数据特征和分析目的，提出了多种可视化方法，数据可视化方法涉及层次数据可视化、空间数据可视化、时序数据可视化、多维数据可视化，以及多关系数据可视化方法。

本书的内容共包含 9 章，各章内容描述如下：

第 1 章：总结可视化相关技术基础，包括根据数据类型不同而分类的可视化技术，如层次数据可视化、多维数据可视化、时序数据可视化、地理数据可视化；然后针对基于可视化的数据分析——可视分析技术进行总结；最后对基于可视化技术的用户交互技术和领域知识结合的可视分析技术进行了简要介绍。

第 2 章：针对控制过程数据的复现与数据分析问题，提出了一种针对过程数据分析的可视化方法，从而能够对动态状态数据进行实时展示，有效提高过程数据分析的直观性和效率，同时提出的数据处理方法和处理效率能满足实时交互需求。

第 3 章：针对电视剧收视率在播放过程中的影响因素分析需求，提出了一种时空特征可视化方法，从而能够快速获取不同电视台和电视剧类别在收视率和观众两个方面的对比可视化分析，总结出各目标电视台的差异性特征，从而帮助电视台在制作、购买和编排电视剧等方面做出决策。

第 4 章：针对网络考场中的常规监考手段无法及时发现网络作弊的问题，提出了一种针对网络考场监控日志数据流的可视化方法。将整个考场中所有学生的考试状态呈现在同一可视化结果中，一旦有考生存在作弊等异常行为，可视化结果中能够实现提醒，并能对考生进行行为分析。

第 5 章：针对空气质量数据的分析需求，提出了时空数据可视化方法，帮助用户全方面、多角度发现雾霾污染源头及与时间、城市等之间的关系。对时空数据的可视化方法研究还是对空气质量的规律发现、污染源发现都十分具有现实意义。

第 6 章：针对食品安全领域农药残留检测数据的可视分析需求，提出了一种针对多判定标准的对比可视化方法，可有效实现农药残留检测数据的可视化，并可实现地理位置、农药、农产品维度上的多尺度、多标准的对比分析。

第 7 章：针对农药残留检测数据多统计量的对比展示及安全风险评估需求，提出了一种针对农药残留数据的时序分组可视化方法，从而能够在可视化结果中一次性表现多种统计量数据，并能实现时间维度上的数据对比。

第 8 章：针对数据集中两类互相关联的研究对象，通过可视化布局方法的设计突出一类研究对象之于另一类研究对象的倾向性，展现了用户重点关注属性的倾向性分布模式，提出了一种基于极坐标的旋转布局可视化方法，在突出展现数据倾向性关联分布特点的同时，展现数据的多统计量。

第 9 章：针对多关系数据的表达中超边的可视化效果不直观、描述不准确的问题，提出了两种基于 Catmull – Rom 插值算法的超图可视化方法，从而能够直观、有效地表达超图中的超边。超图中的各条超边可以保持很高的区分度，绘制效率能满足实时交互的要求。

本书中内容以作者近几年来的研究工作为基础，属于可视化及可视分析领域最新的研究成果，对于系统地了解、学习和研究数据可视化、信息可视化方面的前沿知识，具有较好的帮助作用。

本书可作为计算机、信息等相关专业的教师、研究生和大学高年级学生的参考书，也适合于从事数据可视化、大数据分析、数据挖掘、知识发现等方面的研究人员和技术人员阅读使用。

本书所涉及的所有研究工作由作者本人及所属研究团队、多名研究生协力完成，本书所涉及的研究工作得到了北京工商大学陈谊教授、孙悦红副教授、刘瑞军副教授的大力帮助，在此致以深深的感谢！本书中所述研究成果相关的研究生包括：北京工商大学 2014 级研究生方艺、2015 级研究生杨倩玉和樊亚慧、2016 级研究生程中娟和温玉琳，在此对全体研究生同学的辛勤工作表示感谢。

本书的研究工作得到了国家自然科学基金（31701517）、北京市自然科学基金（4154066、9164028）、北京市社会科学基金（17GLC060）、北京市属高校青年拔尖人才培育计划项目（CIT&TCD201704039）、北京市教委科技计划面上项目（KM201410011004）、北京市优秀人才培养资助青年骨干个人项目（20140000 20124G029）的资助。本书的出版得到了"北京工商大学科研创新服务能力建设项目（食品类专项）（No. PXM2018_014213_000033）"的资助，在此表示深深的感谢！并对所有关心与支持本研究工作的领导、专家和各位老师表示感谢！

由于作者水平有限，书中错误和不足之处在所难免，恳请读者予以指正。

作者

2018 年 12 月

目　录

第 1 章
可视化相关技术基础

1.1 数据可视化的技术分类

数据可视化以直观的方式表达数据信息，已被可视化领域众多专家证明为一种高效获取信息的方法。对于可视化技术的研究，Neumann[3] 给出了一个可视化信息分析技术的框架。可视化的表现形式主要可分为基于几何的可视化技术、基于像素的可视化技术和基于图标的可视化技术。在可视化技术方面，根据数据特征可分为层次数据可视化技术、多维数据可视化技术、时序数据可视化技术等。

1.1.1 层次数据可视化

层次数据是一种常见的数据类型，具有的层次结构是一种抽象的树形结构，注重表达数据间的层次关系。层次关系主要分为包含和从属两类，也可以表示逻辑上的承接关系。在一个树形结构中，只有根节点没有父节点，其余节点有且仅有一个与之相连的父节点。每个节点对应一条数据，节点值代表数据属性值，父节点下的分支代表数据集的逐级向下的分类。

对于树形层次数据的可视化方法一般包含两类[4]：一类是节点 - 链接法（Node - Link，又称点线法），如双曲树（Hyperbolic Tree）；另一类是空间填充法（Space - Filling），如树图（TreeMap）。在点线法中，随着数据规模的增大，一般需要通过边绑定的方式[5]降低连线交叉问题。Ghani[6] 通过点线式图像扩大数据点携带的信息量，提高了数据表达能力。在空间填充法中，也出现了很多的改进和变种，袁晓如等人[7]从树图的布局算法、交互方法、改进和变种、应用领域和用户评价研究等角度，对树图可视化及其扩展方法的基础和研究前沿进行了综述。

1. 节点-链接法（Node-Link）

节点-链接法将单个个体绘制成一个节点，节点之间的连线表示个体之间的层次关系，该方法清晰直观，外形接近于树的结构，对于表达层次关系有显著的优势，但是当数据的广度和深度较大时，空间利用率较低并且可读性差，因而不利于广度和深度相差较大时的布局。

节点-链接法的核心问题是如何在屏幕上放置节点，以及如何绘制节点间的链接关系。设计一个清晰有效的节点-链接图需要考虑以下四点：

1）节点位置的空间顺序和层次关系应一致。

2）减少连线之间的交叉。

3）减少连线的总长度。

4）可视化应该有一个合适的长宽比，以便优化空间的利用。

节点-链接法常用的布局方法包含正交布局（Axis-parallel）和径向布局（Radial），代表技术有双曲树[8]、径向树[9]。

（1）正交布局

正交布局节点放置都按照水平或垂直对齐，如 Kerr B[10] 在 2003 年提出的 Thread Arcs 可视化方法，用来可视化邮件的答复时间顺序以及邮件之间的答复关系。如图 1-1 所示，每个节点表示一个消息，节点根据消息到达的先后顺序均匀分布于水平线上。发送消息的节点称为父节点，接收消息的节点称为叶节点，用螺旋弧表示消息之间的答复关系。Thread Arcs 可视化方法强调了消息的时间顺序，并且更加稳定和紧凑。

为了克服树状图层次较大时不便于浏览与理解的情况，SONG H 等人[11] 在 2010 年提出了一种带滚动条的一级列表和多级列表可视化方法。当层次结构中某一级子节点较少时，可以采用传统的方式（图 1-2a），用焦点+上下文方式，通过放大关注的节点以及收缩非焦点节点来显示内容。当子节点较多时，则可以用带滚动条的一级列表，通过鼠标滚动来交互式的显示更多节点信息。然而，也可以选择第三种方式，如图 1-2c所示，即当节点较多时通过多级列表来显示更多内容，而不是通过滚动条查看。

相比较而言，第三种方式更易于用户理解层次结构，并且能在提升空间利用率的同时显示更多的节点信息。Ploeg A[12] 在 2014 年设计了一种 non-layered 树，针对层次较大时水平排列的节点占据较大空间问题，提出改变节点位置，有效利用空余空间展

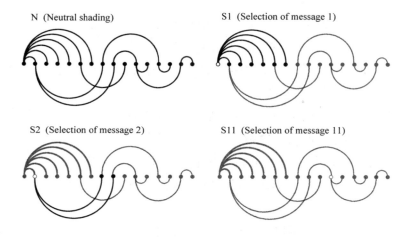

图 1-1　Thread Arcs 布局

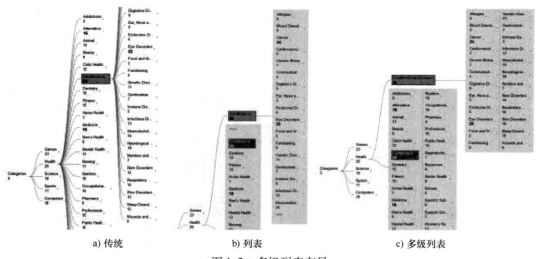

a) 传统　　　　　　　b) 列表　　　　　　　c) 多级列表

图 1-2　多级列表布局

示兄弟节点，其效果图如图 1-3 所示。节点－链接不仅可以表达层次关系，还能表示网络图中边的链接关系，如 Sallaberry A[9] 在 2016 年设计了一种 Contact 树，用来可视化网络中的节点和边。

（2）径向布局

正交布局方法虽然直观，但是对于大型层次结构会造成数据显示空间不足和屏幕空间浪费，所以径向布局被学者更为广泛地研究、使用。径向布局将根节点置于圆心，不同层次的节点被放置在半径不同的同心圆上，节点到圆心的距离对应于它的深度。这样的布局方式可以容纳更多的节点，并且克服了空间浪费的问题。

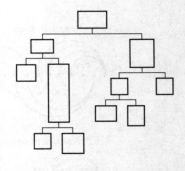

图 1-3　Non – layered 树

径向布局对于大的层次结构，在树的底层空间显示不足，会造成重叠现象，而双曲树则采用双曲空间作为信息的显示空间，使有限空间上可容纳信息节点更多了，例如 1996 年 John 提出的 Hyperbolic Browser，如图 1-4 所示[13]。

SCHULZ HJ[14] 于 2011 年提出一种环状径向树方法，与以往的方式不同，它在侧重于布置较大节点的同时还能保证较好的空间利用率。该方法的布局如图 1-5 所示，将节点布置于网格中，首先将根节点位于屏幕中心，然后再将根节点的前 4 个子节点放置在根节点的周围，其后按每四个节点为一组按一定比例旋转放置，其他的子树按照同样的方法递归布局。对于子树的规模大小采用颜色编码来显示。该方法通过将子节点显示在不同层空间来有效改善空间利用率，但不利于观察节点的父子关系。

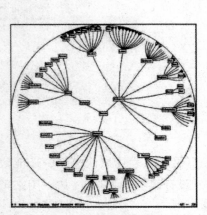

图 1-4　双曲线布局

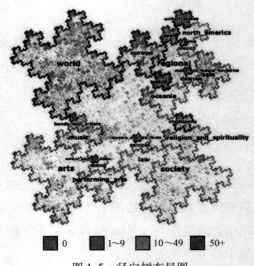

■ 0　　■ 1～9　　■ 10～49　　■ 50+

图 1-5　径向树布局图

Urribarri D K[15] 于 2013 年提出将双曲树布局引入到三维空间，设计了一种 Gyrolayout 布局方法，可以支持不同细节等级（Level – of – Detail）技术，以帮助用户交互式地探索分析大型数据集，其效果图如图 1-6 所示。

Lott S C[16] 于 2015 年提出 CoVenn 树（加权维恩树）方法，它可利用维恩图的三色圆表示三类数据集，并将其聚集采用节点 – 链接法表示节点间的关联关系，且将圆的大小映射属性值。该方法可以展示大量数据集，并可同时展示比较多个数据集，且利用径向布局可有效利用空间，其效果图如图 1-7 所示。

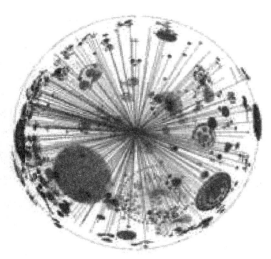

图 1-6 Gyrolayout 布局

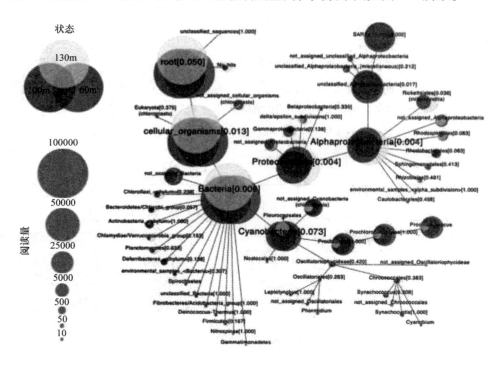

图 1-7 CoVenn 树布局

2. 空间填充法（Space – Filling）

空间填充法用空间中的分块区域表示数据中的个体，并用外层区域对内层区域的包围表示彼此之间的层次关系。相对节点－链接法弱于层次结构的表达，空间填充法提高了空间利用率。与节点－链接法相比，空间填充法更适合表示包含与从属关系，并且空间利用率较高，但不利于层次信息的表达。

空间填充法主要有树图（TreeMap）[17]和放射环（SunBurst，又称玫瑰图）[18]两种方法。树图采用矩形表示节点，通过矩形的嵌套表达父子节点关系。玫瑰图的径向布局类似于节点－链接法里面的径向树，但其采用放射环填充的形式改善了空间利用率，并且比树图更注重层次关系。

（1）树图（TreeMap）

Johnson 和 Schneiderman 等人[19]在 1991 年提出了树图，采用嵌套的矩形表示节点以及层次关系，在此基础上衍生出了多种树图布局改进算法，例如交替纵横切分法（Slice And Dice）、正等分法（Squarified）、有序布局（Pivot）、条形布局（Strip）等[7]。

Tak Susanne[17]等人在 2012 年提出了用希尔伯特（Hilbert）和摩尔（Moore）曲线来构建树图，如图 1-8 所示。布局方法分为两步：

1）根据节点权值将节点划分为权值总和大体相近的四个象限。

2）将每个象限内节点根据 Hilbert 和 Moore 曲线排列。这种布局方法保证了空间稳定性，当数据发生变化的时候节点位置不会发生太大的变化，并且在其他度量属性上也维持较好的效果，包括长宽比、最大连续性。

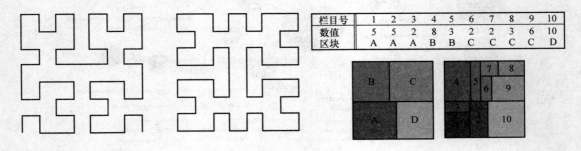

栏目号	1	2	3	4	5	6	7	8	9	10
数值	5	5	2	8	3	2	2	3	6	10
区块	A	A	A	B	B	C	C	C	D	D

图 1-8　希尔伯特和摩尔布局

空间长宽比是树图布局好坏的一个重要评判标准，为了克服矩形空间长宽比，

Balzer 等人[20]于 2005 提出了 Voronoi 树图法，采用任意多边形取代矩形空间。在 2011 年 Berga M D 等人[21]提出了 Orthoconvex 树图布局，将代表叶子节点的区域用 L – 矩形和 S – 矩形表示，代表内部节点的区域用正交凸多边形表示。该方法对于任意一个树形结构的输入，都能保证其布局的长宽比保持不变，效果如图 1-9 所示。

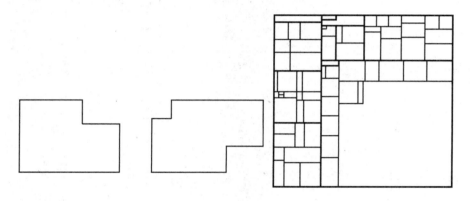

图 1-9　Orthoconvex 布局

David A 等人[22]于 2014 年提出了 GosperMap 布局，采用 Goseper 曲线产生嵌套的不规则形状进行大数量集的布局。首先将树状的层次结构以自底向上从左到右的方式进行遍历，给所有的叶子节点进行编号，然后将节点根据 Gosper 曲线的走势进行放置，用 Voronoi 树图法给每个节点绘制正六边形区域，并且对于每个子树给出相应的边界用以表达层次关系。绘制过程与效果图如图 1-10 所示。

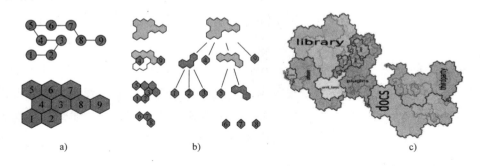

图 1-10　GosperMap 布局

YANG Y[23]于 2015 年提出 Cabinet 树布局，传统的树图布局注重算法而缺乏显示内容及其属性的展示，Cabinet 树布局则为叶子节点选择空间最优化布局，绘制出了明确的分支结构展示结构关系，并设计了配色及标签方案展示属性值，方便用户直观地对比分析数据，效果图如图 1-11 所示。

图 1-11　Cabinet 树布局

（2）放射环（Sunburst）

除了树图方法外，另一种空间填充法——放射环是采用和径向树类似的放射状布局。这种方法由 Stasko J 等人[18]于 2000 年提出。在放射环布局中，中心的圆代表根节点，各个层次用同心圆环表示，圆环的划分依赖于相应层次上的节点数目及相关属性，效果如图 1-12 所示。放射环相对于树图易于区分层次信息，相对于显性布局空间利用率较高。

Lam H C 等人[24]在 2012 年提出了 Hyperbolic 圆盘布局。该方法思想是将放射环布局到双曲空间。传统的方法是用直线表示两点之间的距离，而双曲线则是采用非欧几里得距离，这样的方式可以利用空间来显示大数据集。Hyperbolic 圆盘布局（见图 1-13）将一个极坐标式的单位圆盘表示一个二维双曲空间，单位圆盘表明所有节点半径小于等于 1，子节点放射状的布局在根节点周围，节点坐标决定于它们的半径和角度。Hyperbolic 圆盘布局通过构造一个径向盘有效利用空间，为每个节点分配一个扇区并且基于双曲空间对扇区变形。节点不再是一个顶点它变成了双曲空间的一个扇形。这使用户可以交互式地浏览存储在层次结构的信息。每个节点使用形状和颜色渲染表示节点的位置，以及与其他分支数据层次结构的关系和节点间的距离。

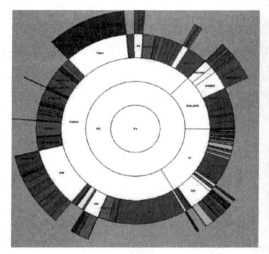

图 1-12　放射环布局

图 1-13　Hyperbolic 圆盘布局

在 2016 年 Michael Glueck 等人[25]应用放射环可视化方法帮助临床诊断遗传学异常，提出了一种新的可视化分析工具 PhenoBlocks，用来支持病人间临床表现的比较，并且为不同层次分类设计图标，如图 1-14 所示。

（3）混合布局

节点－链接法和空间填充法各有优缺点，将两者组合可以结合双方的优势。例如，弹性层次法采用节点链接的形式，如 Zhao 将节点用树图表示[26]。这种组合设计的方法实现了可视化的多样性，将方法的优势最大化，但也会造成可视化结果的复杂化。Jürgensmann 和 Schulz 在 2011 年

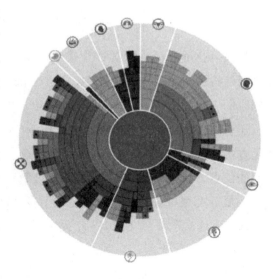

图 1-14　PhenoBlocks 可视分析工具

按照节点－链接、空间填充、混合思路对树结构可视化技术进行了总结和分类[27,28]。

目前混合布局已经成为层次数据可视化的一个热点，并且已有许多好的研究成果。例如，将柱状图和树图结合，Huang M L 等人[29] 于 2009 年提出了 TreemapBar 结构（见图1-15），将树图嵌入到柱状图中，并使用 TableLens 技术，当柱状图的密度增加时，使用该方法仍然可以查看特定区域的细节，并且显示空间的利用率也得到了优化。

图 1-15　TreemapBar 结构

2012 年 Kobayashi A 等人[30] 提出的 Edge Equalized Treemap 结构，如图 1-16 所示，其思想是将柱状图嵌入到树图中，柱状图表示叶矩形，这种表示方法的特点是叶矩形（柱状图）的宽度相等，所以通过该方法，可以对数据进行比较，有很强的实用性。

还有将传统树图与像素点结合，Bisson G 等人[31] 在 2012 年提出 Stacked 树混合可视化方法，如图 1-17 所示。这是一种焦点＋上下文的可视化技术。Stacked 树具有四个方面的优点，首先它的布局简单易于理解；第二，信息密度大，可以显示大数据集；第三，复杂度相对较小；最后它适用于多个领域。

Schulz H J 等人[32] 在 2013 年提出了显性布局＋隐性布局的 Rooted Tree Drawings 布局，如图 1-18 所示。

SADEGHI J[33] 于 2016 年提出一种 Flexible Trees 布局方法，该方法结合节点－链接与放射环布局，主张用户定制视图布局。传统方法采用固定的形状，例如矩形、圆形、三角形表示数据，但本书根据数据的应用场景，将布局自定义为切合应用背景语义的形状，例如展示一篇博文，则可将效果布局为博客 logo，从而更好地关联可视内

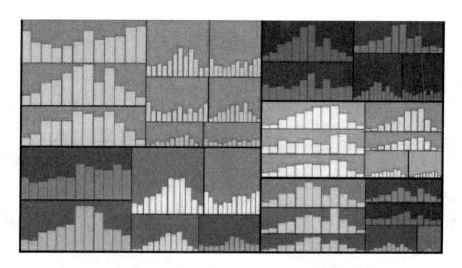

图 1-16　Edge Equalized Treemap 结构

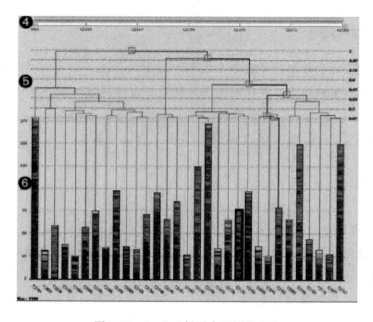

图 1-17　Stacked 树混合可视化方法

容。效果图如图 1-19 所示。

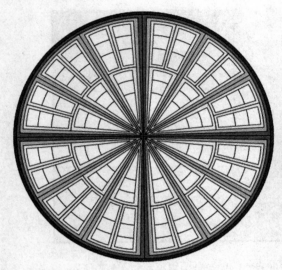

图 1-18　Rooted Tree 布局方法　　　　　图 1-19　Flexible Trees 布局方法

1.1.2　多维数据可视化

多维数据是指每个数据对象有两个或两个以上独立或者相关属性的数据。例如每例农产品样本都有采样地点、采样时间、采样量、农产品名、检出农药名等属性来描述该例样本。

Keim D A[34]等人归纳了多维可视化的基本方法，其可视化方法大体分为以下三类：

1）空间映射法。

2）图标法。

3）基于像素的可视化方法。

其中空间映射法是比较常用的可视化方法，比较典型的有散点图和平行坐标[35]。

1. 散点图

对于二维和三维数据通常采用散点图[36]，主要是将各个属性的值映射到不同的坐标轴，并确定各数据点在坐标系中的位置。数据对象在空间中的位置反映了其分布特征，使属性间的关系得以直观、有效地展示，但不适用于维度更高的数据。当维度增加时，将散点图进行扩展，可生成 $N \times N$ 的散点矩阵[37,38]。这种布局方法可以直接观察任意两个属性之间的关系，但当维度呈指数级增长时，会降低可读性，因此可通过交互式选择感兴趣区域，如 Tatu A[39]等人提出的自动分析方法。此外，还可以通过各种视觉编码来表示额外的属性，如颜色、形状、大小等。Hans Rosling 气泡图就是通过点的大小及颜色编码第三维属性来可视化数据的。由于视觉编码的种类有限，过于复杂的视觉编码会降低可读性，因此当维度超出二维平面可展示范围时，则应将散点图扩展到三维空间，如 Elmqvist N[38]等人提出的一种可旋转的三维散点图。

2. 平行坐标

平行坐标[40]是常用的可视化方法。Jorge Poco 等人[46]在 2014 年结合散点图投影技术和平行坐标，对不同数据内容间的相似度进行了可视化。Hofmann[42]针对多维数据关联可视化中的视觉错觉，提出了纠正该错觉的有效方法。

与点线式层次可视化一样，随着数据规模的增大，平行坐标也面临边交叉问题。分层平行坐标[43]和动态颜色映射方法[44]均被用来对数据集进行多种层次或区分性的显示，提高可视化结果的分辨性。通过降维技术将高维数据降低维数[45,46]，将数据的总体结构特征映射到低维空间进行观察，也被用于提高多维数据的可视化能力。如 Liu[47]通过数据降维方法，在数百万的数据规模可视化中，达到 50 帧/s 的查询渲染速度。

1.1.3　时序数据可视化

随时间变化、带时间属性的数据称为时变型数据。不同类别的时变数据采用不同的可视化方法。时序数据的可视化可以分为两类：一类是采取静态方式呈现记录的数据，这一类数据不会随着时间改变，但可以利用数据比较等方法呈现出数据随着时间改变的趋规律；另一类是采用动态方式，呈现事物、事件随着时间不断变化的过程。相比动态布局，人类的认知能力更适应静态布局。

对时间数据可视化的表达呈现有时序特征的可视化可以分为时间点与时间段的可视化、线性时间可视化和周期时间可视化、顺序时间可视化、分支时间可视化等。

1. 时间点与时间段

时间点顾名思义就是将时间具体到某一个小时、某一分、某一秒，它不是连续的。任意一个单一时间点并不能表达出时间连续的意义。时间段与线性时间不同的是，时间段表示了某一小范围内的线性时间域，比如一小时、一星期、一个月等。在这种情况下，时间数据属性代表的就是一整个持续时间段，被无数个时间点划分开。一般对时间点以及时间段其进行可视化的方法有日历时间可视化方法。

时间要素可视化方法往往采用时间轴的方式线性表达时间要素。时间轴是线性时间可视化应用最普遍的一种方法，例如用标准时间点连线显示，x 轴表示时间，y 轴表示属性变量，对于多维属性的表示可以进行叠加显示，根据事件和时间的粒度设置，可以对事件进行时间点的可视化[48]，如图 1-20 所示。Fan 等人针对智能手机使用模式，比较某一时间点用户使用的频率最多的事件类型，探索了智能手机用户使用习惯和日常生活的丰富信息，并通过比较不同风格的智能手机用户数据，发现了许多有趣的模式[49]。

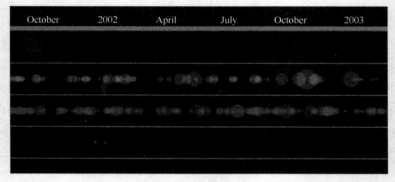

图 1-20　时间点可视化

2. 线性时间和周期时间

线性时间是通过一个出发点展现从过去到将来数据的线性时间域。自然界的许多过程都具有循环规律，例如季节的循环。为了呈现出这样的现象，可以使用循环的时间域。在每一个严格的循环时间域中，不同时间点之间的时间顺序相对于一个完整的时间周期是毫无意义的，比如冬天在夏天之后来临，但夏天之后仍旧会有冬天。其周期的可视化表达手段一般有径向布局可视化视图等方式。

线性时间通常代表了一段连续的时间，它由两个或多个时间点组成，小到几秒大到几年等，连续的时间包含了比时间点更多的信息。Huang 等人[50]提出的 TrajGraph 系统用来分析出租车轨迹数据，发现城市移动模式，其中时间信息图采用了线性时间的表达方式，如图 1-21 所示，显示了 ID90、ID91 和 ID92 随时间变化的趋势，很好地分析了某一时间段内道路上的拥堵情况以及出租车轨迹状况。

时间点可视化和线性时间可视化虽然可以很好地表达数据在时间域中的变化，却很难表达时间的周期性，周期时间可视化是挖掘时序数据中隐含周期性规律的有效方

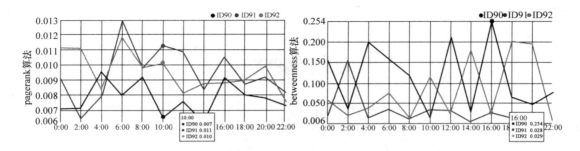

图 1-21　TrajGraph 系统时序可视化

法，其通常采取循环的时间视图，将时间按照圆周进行排列。许多专家针对时间的周期性研究，设计了很多不同的系统，都高效且准确地发现了时间周期。例如 Bertini 等人[51]设计了 SpiralView，分析了网络警报的时间分布状况；Zhao[52]设计了 Ringmaps，有效地分析了人类的活动其中，如图 1-22 所示。图 1-22a 为编码每个周期 27 天的 SpiralGraph，图 1-22b 为 SpiralGraph 编码每周期 28 天，可以发现不正确参数化 - 周期性模式很难看到，正确参数化 - 周期性模式突出。其他的方法还有 ChronoView[53]、SpiraClock[54]、CircleView[55]等。

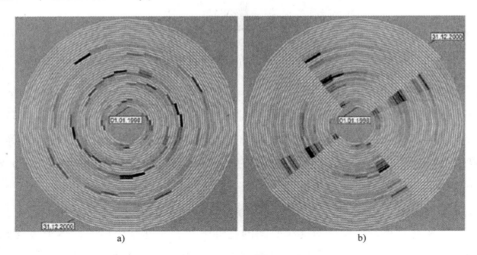

图 1-22　周期可视化

　　然而，也有一部分的时序数据集的时间跨度并不能准确获取，因此一成不变的时间跨度与这种时间数据的时间尺度并不符合。针对这种问题，贾若雨等人[56]提出了一种基于径向布局的复合时序可视化方法，完美解决了周期时间可视化中时间跨度不匹配的问题，如图1-23所示。

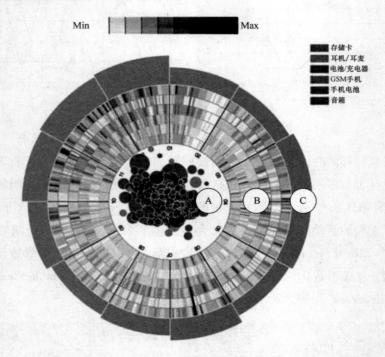

图 1-23   径向布局时序可视化

3. 顺序时间、分支时间等

　　这一类的主要可视化目标是一些根据时间顺序发生的事件。对分支时间、多股时间进行分支展开，有益于用来描述和比较有选择性的技术方案，比如项目规划等。而多角度时间可以用来描述多个被观察事实的不同观点，比如不同目击者的报告。常用的顺序数据可视化视图主要分为传统统计图、热力图和日历图三种。

　　传统统计图包括折线图、柱状条形图等，这种可视化视图简单易懂，清晰直观，实现起来也相对简单，多用于对连续时间的线性表达，表达某一段时间内的变化模式。Shen Q 等人[57]设计的堆叠时间轴，根据作者的出版年份，将作品叠加展示到时间轴上，引导用户探索其内在信息，如图 1-24 所示。

　　热力图是时间序列数据进行聚类分析的有效方法，通常与地理空间数据可视化相结合对数据进行可视化。Al－Dohuki 等人[58]基于大规模的出租车轨迹数据提出了一种

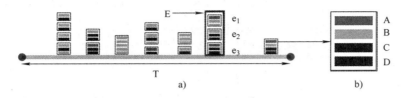

图 1-24　堆叠时间轴可视化

管理和可视化出租车的新方法，其中查询轨迹对时序数据以热力图的方式进行展示，如特定两条街道被突出显示。热力图表示了平均速度，通过热力图，可以快速发现交通拥堵时段与地点。Malik A 等人[59]设计了历史 CTC 事件的时空分布，给出了一个交互式的时钟热力图，颜色映射数值，按时间顺序径向展示。

时间属性可以和人类日历相对应，因此利用日历可视化来表达时间属性是最符合人类对时间的认知，从日历视图上可以观察以年、月、日、时为单位的变化趋势，并发现时间序列中的蕴含信息。Xu 等人[60]为工业互联网设计了一个全面的视觉分析系统 ViDX，支持流水线组装的实时跟踪和历史数据探索，其中用于探索多尺度时间的视图采用了日历可视化的方法如图 1-25 所示。

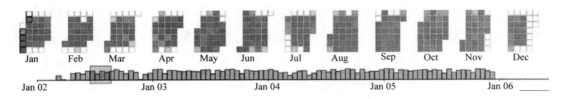

图 1-25　多尺度时间视图

Shi 等人[61]利用共享自行车数据，探索了其行为模式，给出了针对时间内行为变化设计的日历图如图 1-26 所示，每行代表了所选的日期，每个单元格同时包含特定日

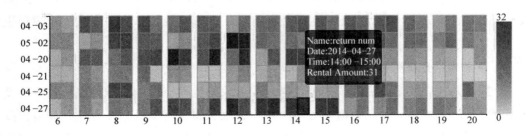

图 1-26　日历可视化视图

期的一小时的租金和退货号，将相关数据映射在单元格上，最后将每个单元格数字归一化为［0，1］并映射到相应的颜色标识，根据不同颜色区分不同类别。

1.1.4 地理数据可视化

地理数据描述了一个对象在真实空间中的位置，地理数据可视化的目的，是为了反映信息对象随时间进展与空间位置所发生的行为变化[62]。专题地图可以视为在地图上叠加热力图或字形符号，是最传统的地理数据可视化方法[63]，标签云[64]绘制在地图上代表区域特征，这些方法都用于静态数据。许多人试图克服这个问题与其他时间序列可视化技术结合。Malik 等人[65]全面运用地图，条形图，折线图和饼图，以分析城市犯罪活动之间的相关性时空维度。Landesberge 等人[66]设计了动态分类数据视图去观察人在一天内的位置转换，并将其与地理视图相关联。因此将地图和其他现有的时间序列可视化技术结合起来可以形成有效的时空数据可视化工具。目前地理信息可视化也是可视化领域中越来越受重视的一个部分。

空间数据是带有地理位置信息的数据，它所具有的数据属性跟地理区域有关。理解空间数据对认知自我和外部世界非常重要。空间数据往往借助于地图来展示，因为利用人们对地图的认知能力可以有效提高数据的可读性并且方便区域间数据的比较。例如中国人口普查数据，将数据分布到中国地图上，可以看出哪个地区人口稠密哪个地区人口稀疏。空间数据可视化可以对大规模数据集的分布情况做一个快速的了解，同时结合统计分析可以分析数据特征。基于前人的研究，空间数据可视化已有诸多成果，从点、线、面的角度出发可分为点数据可视化、线数据的可视化和区域数据的可视化。区域数据的可视化目的是为了表现区域的属性，它比点数据和线数据可以表达更多的信息。根据表现方法可分为三类：地区分布图（Choropleth）、变形地图（Cartogram）和比例符号图。需要说明的是，空间数据对应的地理区域具有层次属性，大到从国家、省、市分级往下，因此将空间数据与层次数据可视化结合的方式可以表现更多的信息。

1. 基于点的地理数据可视化

点数据是地理数据最常见的一种，描述的对象是地理空间中离散的点，具有经度和纬度的坐标，主要针对点数据的分布，结合其地域属性观察其分布规律，如多民族的人口聚居，地图中的建筑标记。点标识的方式简单直接，符合人们的习惯，但当数据密集时重叠严重，可读性低。

　　基于点的地理数据可视化通常是将处理好的数据以点的形式标识在地图上，可以在有限的空间中展示大量的信息。这种做法十分有效且符合人们的认知，例如图 1-27 所示为 CORNEC O 等人[67]针对欧洲贸易数据的可视化效果。点的不同颜色种类反映出相应国家的出口货物多样性的特点，密度表征了出口贸易的总数量，通过点与点之间的连接与交互，很好地展示了该地区的贸易关系与状况。

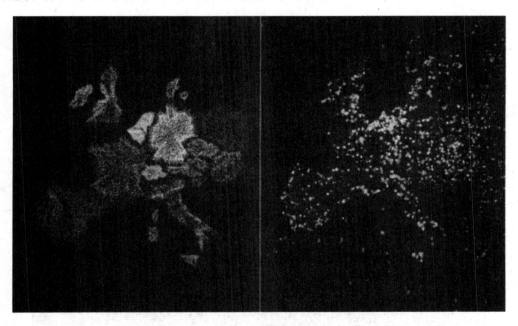

图 1-27　欧洲贸易数据的可视化效果

　　但是当数据量过大，采用点数据可视化就会产生严重的重叠与覆盖问题，影响可视化效果，为了克服散点覆盖问题，Chen 等人[68]提出了一种分层多类采样的新型散点图可视化方法，首先其使用优化扩展的多类蓝噪声采样算法在保持不同的数据之间的相对密度不变的情况下，减少点数据可视化中数据点的数量，其次采用分层采样的方法解决了散点图缩放过程中采样结果的一致性问题，最终通过对几种多类采样的可视化方法进行比较，证明了该方法的有效性与优越性，如图 1-28 所示。

　　点不仅可以表示某一具体的地理位置，还可以采用抽象的设计方法，结合不同的属性信息，对地理空间数据进行图案设计，如热力图、空间语义图等。Pahins 等人[69]

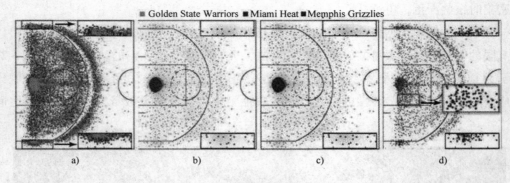

图 1-28　分层多类可视化方法

结合区域展示精度、视觉效果等一系列因素，设计了一个热力图用来展示一年内美国的超级碗橄榄球冠军赛期间在社交网站上发布的推文数量信息，如图 1-29 所示。

图 1-29　Hashedcubes 热力图

此外，陈为等人[70]基于贝叶斯网络提出一种 BN - Mapping 可视化方法，将芝加哥城市中故意伤人、抢劫、谋杀、盗窃等在内的几种犯罪属性抽象成不同颜色的点，点的颜色越深表明犯罪率越高，反之则犯罪率越低，并结合贝叶斯网络图来分析不同犯罪属性之间的关联关系和某种犯罪属性的影响因素，如图 1-30 所示。

2. 基于线的地理数据可视化

连接任意两个或多个地点的路径与线段称之为线数据可视化，在绘制线段的时候，

图 1-30　BN－Mapping 可视化视图

需要使用多种多样的附加属性使得可视化效果更加明显，比如利用不同的颜色、不同的线型和多种多样的标注等等，这些方式都可以用来表征数据之间的不同属性，以便达到更好的可视化效果。线数据通常指连接两个或多个点的线段或路径。例如，行车路线，交通轨迹等。如 Rae 等人[71]针对大型人口普查数据，利用带有箭头的线段表征人口的流动方向与距离，从空间上分析人口迁移的特征，以便于为国家和部分地区提供评估政策支持。

线布局则注重理解数据模式，通过连线来理解地域属性上事物的走向、前后关联等，但大量的线数据会造成严重的视觉混淆。错综复杂的线条干扰人的视觉感知，妨碍对数据特征的判别，因此需要设计解决方法减少线段之间的重叠和交叉，增加可读性，改变大量数据造成的连线的重叠与交叉的问题。绘制连线的时候通常采用不同的可视化方法来达到最好的效果。

为了减少这种视觉杂乱问题，研究人员针对不同的实际需求应用领域研究了不同的应对方法，连线绑定是最常见的改变布局从而降低视觉复杂的技术，如 Andrienko 等人[72]面向大量的船舶运输的交通轨迹数据设计了一种聚类方法，根据船舶运输的轨迹和终点的相似特性，利用聚类和捆绑技术设计了基于线的地理数据可视化，减少了大量原始数据带来的视觉杂乱，且聚类方法支持多种交互方式，用户可以根据兴趣对任意时段进行选择查看，如图1-31所示。

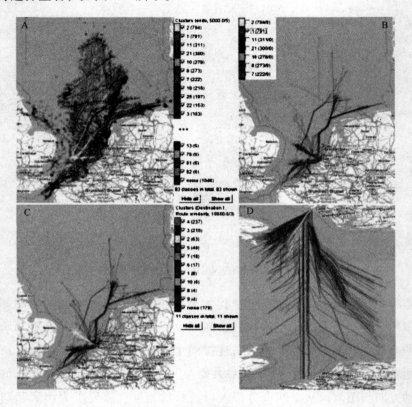

图 1-31　船舶运输交互可视化

虽然捆绑技术可以有效减少线数据可视化布局杂乱问题，但是数据之间具体的关系会在某种程度上被遮挡，只能反映数据的整体趋势，但是不能有效表达数据的某些具体特征，存在着一定的局限性。Guo 等人[73]提出一种基于向量的每对位置流密度聚类模型，提取大量的主要数据而不是捆绑或者改变轨迹，如图 1-32 所示。

3. 基于区域的地理数据可视化

区域数据也称为面数据，面数据包含了比点数据和线数据更多的信息，面即区域块，往往当直接可视点数据的时候，大量的点信息容易造成视觉混淆，有时候并不需要了解这些点数据分布，只是需要了解该区域块下数据的统计结果，区域数据可视化则保持地理拓扑结构的同时，通过颜色或面积表征数据的统计结果。

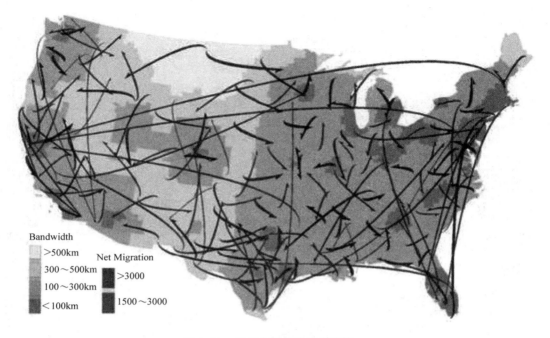

图 1-32 基于向量的流密度聚类

Collins 等人[74]提出了气泡集方法，利用隐式曲线图进行聚类且不会改变原始节点布局，并采用半透明的不同的颜色显示为五颜六色的气泡，图 1-33 所示为气泡集方法的可视化结果，该视图利用不同颜色代表了某一地区的不同建筑的分布状况，很有效地呈现了区域数据可视化。

区域可视化，顾名思义就是为了表现某一地理空间区域的特征属性，最通常用的方法就是用颜色来代表这些属性的值。因此当数据类型多样时，选择合适的颜色十分具有挑战性。可视化区域数据的目的是为了表现区域的属性，最常见的方法就是颜色映射值。区域数据可视化可分为地区分布图（Choropleth 地图）、变形统计地图（Cartogram）以及比例关系地图。

Choropleth 地图属于最原始的地图，直接利用地图形状来展示数据，假设数据的属性在一个区域内部平均分布，因此一个地区采用同一颜色编码，如图 1-34 所示为 2004年美国总统大选结果[76]。

Choropleth 地图的问题在于数据分布和地理区域大小不对称，这种既对空间利用造成了浪费还会给用户造成视觉上的错误理解，例如人口数据中区域面积较小的地方对

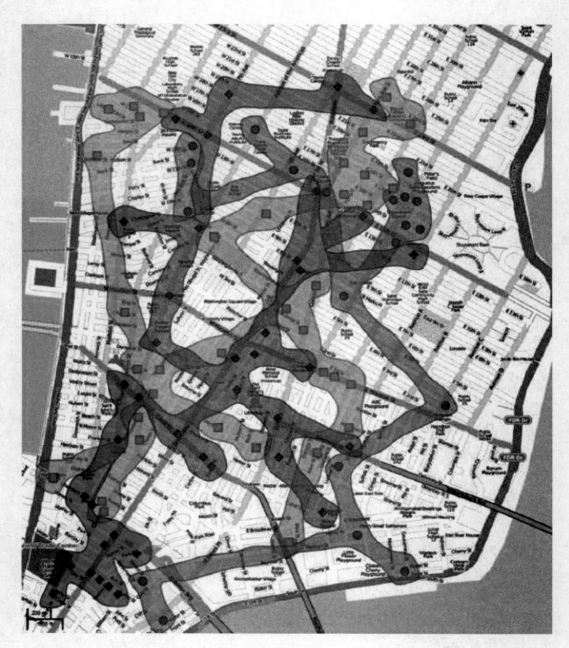

图 1-33 气泡集方法可视化结果

应较密集的人口，区域面积较大的地方对应稀疏的人口，这样容易造成视觉上的误解，并且空间利用率低。

为了解决这种对可视化空间布局使用不合理的问题，Cartogram 可视化根据地理区域的属性值对不同区域按照一定规则进行变形，其核心思想是采用变形算法，按照地理区域的属性值对各个区域进行适当的变形，以克服空间使用的不合理性。Cartogram 分为非连续性的 Cartogram 和连续性的 Cartogram。

图 1-34　地区分布图

非连续性的 Cartogram 将地图中的区域按照其属性的值放大或者缩小，并保持区域的原始形状，但很难保证区域间的相对位置，例如 2005 年 keim[75] 提到的非连续变形地图，如图 1-35 所示。

连续性的 Cartogram 采取优先保证区域之间的邻接和相对位置不变，通过改变区域的形状实现面积及属性成正比。例如 2004 年 Gastner[76] 对图 1-34 进行变形，如图 1-36 所示。

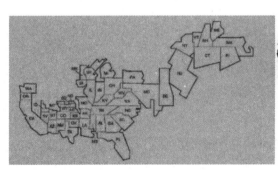

图 1-35　非连续性的 Cartogram

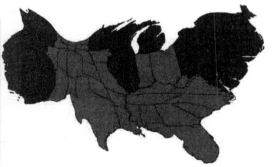

图 1-36　连续性的 Cartogram

当然除了这种不规则形状的变形，还有使用矩形或者圆形这样简单的几何形状进行变形。例如 2004 年 Roland Heilmann 等人[77] 提出了 RecMap 布局，使用矩形表示美国各州的人口，矩形大小和该州的人口成正比，如图 1-37 所示。

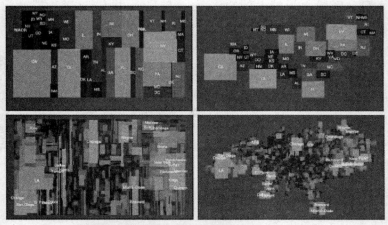

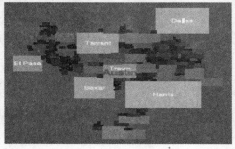

图 1-37　RecMap 布局

4. 空间填充式变形地图

矩形化的变形地图只表现了地理区域在树型结构中的一层属性，基于空间填充式的变形地图则表现了地理区域的多层属性，将层次与空间进行结合的方式可以利用用户对地理的先验知识对整个地理区域数据分布做一个高效的概览并且快速的定位到焦点区域。基于空间填充式的变形布局往往采取树图填充的方式，而标准树图布局算法中节点位置与它们已知的地理位置并不保持一致，所以需要设计基于空间的树图布局算法来展示区域信息。基于空间填充变形地图的核心问题在于需要保证空间一致性、相对位置不变、拓扑结构的维持以及邻接关系。

2007 年 Florian Mansmann 等人[78]提出一个交互式层次网络地图（Hierarchical Network Maps，HistoMap），可以支持全球网络测量的心智模型。HNM 应用于描绘一个层次结构为 7 大洲、190 个国家、23054 个自治系统、197427 个 IP 前缀的大规模数据集。

方法思想是采用树图可视化方法，基于空间稳定性和长宽比介绍了 HistoMap 布局算法，并且提供过滤和放大来交互式的探索层次结构，如图 1-38 所示。

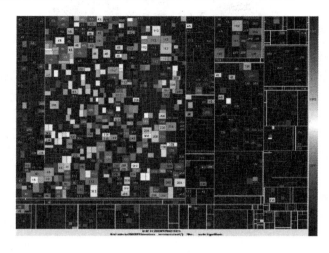

图 1-38　HistoMap 布局

2008 年 Jo Wood 等人[79]提出基于空间有序的正方化布局算法，注重节点间的邻接关系和位置上的一致性。算法基于正方化布局算法，此外将其结合每个节点二维空间中的位置。算法尝试通过关联树图二维空间中节点的位置增加树图布局的认知能力，如图 1-39 所示。

2009 年 Mikael Jern 等人[80]提出树图和地区分布图结合的方式，方针思想是采用树图布局整个规模的人口数据集，或者按不同年龄段分组布局，每个块表示对应地区人口，并且树图下方附带颜色条编码人口数量，同时带有直方图显示不同年龄段占总人口比例分布情况。用多个地区分布图显示不同地区下不同年龄段的人口分布情况，用颜色编码数值。最后将树图与地区分布图连接起来可以表现某一年龄段下人口的分布情况以及城市之间的比较。该方法基于地区分布区展现地区人口分布情况，基于树图表现各地区之间人口数据的比较，以混合的形式较好地分析了人口统计数据，效果如图 1-40 所示。

Thomas Baudel[81]于 2012 年提出了一个矩形的、顺序的、空间连续的空间填充布局算法，算法设计五个维度：顺序（Order）、大小（Size）、块（chunk）、递归（Recurse）和短语（Phrase）。算法思想首先将节点按顺序排列，然后根据大小放置到块中

图 1-39 SOT 布局

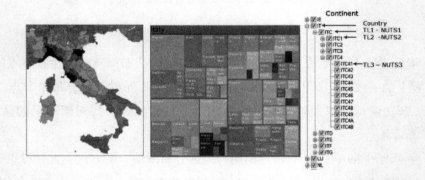

图 1-40 Choropleth + TreeMap

并且递归的安排所有的块。图 1-41 所示为不同维度下的布局效果。

2010 年 AIDAN SLINGSBY 等人[82]提出了基于空间填充的正方化矩形层次变形地图，用矩形块填充地图区域，每个元素基于空间排布，展示了空间分布以及根据全国人口普查分类输出区域分类的人口间隔尺度。该方法通过扩大人口密度大的区域解决人口密度大但对应区域小的问题，并且基于树图的方法使得区域间比较更为容易，同时还有效利用了空白区域，布局效果如图 1-42 所示。

2011 年 Kevin 等人[83]提出了一个空间树图算法，以前的方法针对维持邻接关系和区域间的相对位置，该算法主要针对维持拓扑结构，如图 1-43 所示。

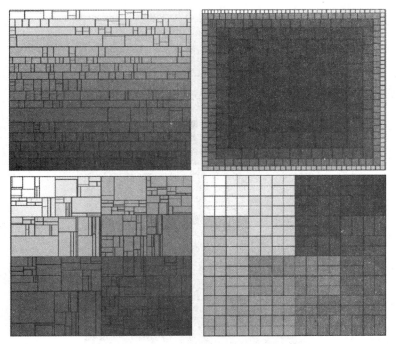

图 1-41　Sequential Space – Filling Layouts

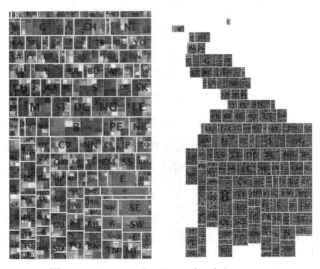

图 1-42　Rectangular Hierarchical Cartograms

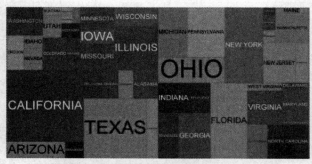

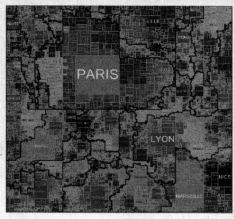

图 1-43　Weighted Maps

Mohammad Ghoniem 等人[84]于 2015 年提出了一种新的树图算法构建矩形变形地图，目的是使基于地理位置的数据与实际地图中已知位置点保持一致。其主要思想是将显示空间划分为多个块，并且在维持权值/面积比例的情况下将块中的数据节点根据从东到西或从南到北顺序分布，块划分方向的选择要依据最佳长宽比（接近 1）。Mohammad Ghoniem 等人[85]又于同年将 WM 算法与 HM、SOT 布局算法进行了比较，评价指标：长宽比、距离位移、角位移、关系保持度、碎片；树规模大小分别为 49/1，3，109/1，3，09/49/1（49 个州、3190 个郡）。图 1-44 使用的数据采用 3，109/1 规模的美国人口数据，从图中可以看出 SOT 布局产生严重的条形，并且部分州区域破碎。

5. 混合填充式变形地图

除了将空间数据与空间填充进行结合的方式，还有将地区分布图与散点图、平行坐标、热力图结合，但这些方法的结合没有体现不同层次下的地区间数据的比较。层

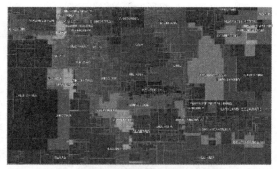

图 1-44　空间填充式变形地图

次＋空间可视化方法不限于表示数据的单一属性，可以针对层次数据的地理应用背景设计相应的布局，从而帮助用户全面的理解数据集的属性特征及其地域关联性。

2011 年 Jo Wood[86]提出了一种基于空间位置信息的投票统计地图（BallotMaps）布局来探测选举过程中与地区关联的投票异常情况，BallotMaps 方法思想是采用树图布局算法产生一个与地理位置保持一致的矩形统计地图，每个矩形块内划分三个矩形条代表三个政治党派，矩形条大小与各党派人员数量成比例，如图 1-45 所示。

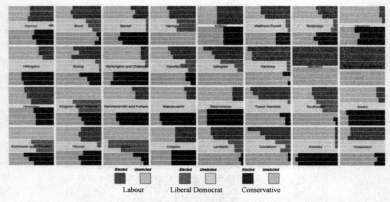

图 1-45　BallotMaps 布局

David Eppstein 等人[87]于 2013 年提出网格地图，用网格表示区域并且进行网格划分时使区域关联性、相对方位、地理位置一致性最优化。文中提出基于距离的算法并且与其他三种方法进行比较，结果显示基于距离方式效果最优，如图 1-46。

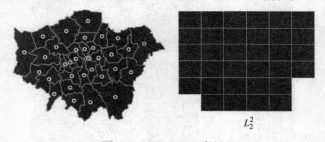

图 1-46　Grid Map 布局

6. 基于地理数据的可视分析

将区域可视化与层次可视化混合的形式可以结合层次数据的地理信息，借助符合人类认知习惯的地图隐喻，交互式探索具有地理分布特征的大型层次数据集，并对比分析发现这些数据集的地域差异。

Wu W 等人设计了一种 TelCoVis[88]可视分析系统，如图 1-47 所示。是一种基于电信数据探索广州人类活动共生关系的可视分析系统。地图视图（图 1-47a、b）基于地域提供一个直观的视觉效果探索空间上下文内的共生关系。基于轮廓线的树图视图（图 1-47d）用来分析某个确定位置人类活动的时空分布特征，这有利于分析师了解共生模式和产生假设性解释。矩阵视图（图 1-47c）提供通过聚类产生的共生关系概览图。平行坐标视图（图 1-47e）能够基于各种属性间的聚类来有效的定量分析。而扩展阵容视图（图 1-47f）则传输这些聚类间的多样性。

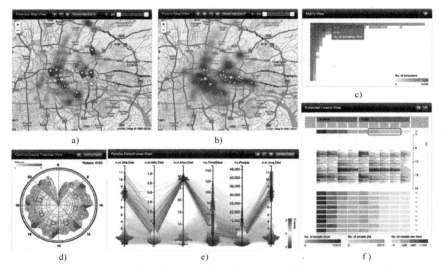

图 1-47　基于电信数据探索广州人类活动共生关系的 TelCoVis 系统

图 1-48 所示为 Goodwin S[89]等人提出了一种通过尺度和地域比较多变量间的关联，

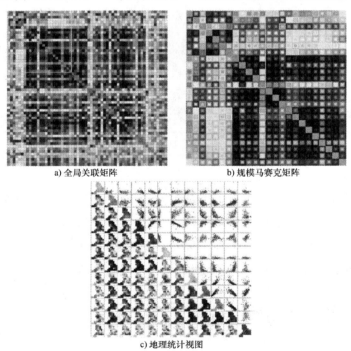

a) 全局关联矩阵　　　　b) 规模马赛克矩阵

c) 地理统计视图

图 1-48　通过规模和地理分析多变量值

为了表现多个变量的分布与相关性，利用了散点图矩阵的基本架构，采样红（正相关）、蓝（负相关）两种配色方案。图1-48a为全局关联矩阵，图1-48b为规模马赛克矩阵，它显示了全局关联矩阵中四个层次的规模分辨率。图1-48c为地理统计视图，在一个不对称关联矩阵中揭示了局部关联矩阵中的地理差异。使得用户可以在多变量分析的同时，了解数据在不同尺度、不同地理空间中的分布差异。

图1-49所示为Cho I等人[90]提出的VAiRoma可视分析系统，用来帮助理解古罗马历史中时间、地点、事件。系统界面主要由三部分组成，A为时间轴视图，B为主题视图，C为时间轴视图中用户生成的注释。通过三者界面来分别从时间、位置、事件来理解古罗马历史。

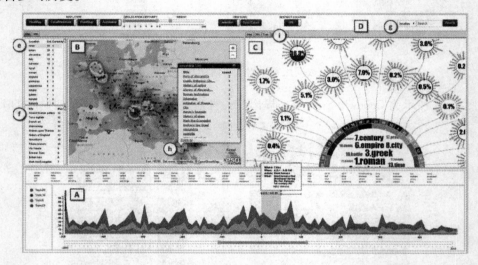

图1-49　理解古罗马历史中时间、地点、事件的可视分析系统VAiRoma

除以上布局设计以外，还有Li J等人[91]于2016年提出一个烟雾分析系统，结合中国地图与表征时间以及方向的外射圆环来展示烟雾分布情况。Lu Y[92]等人于同年则设计了一种挖掘媒体数据价值信息的可视化分析方法，利用数据特征对应的多个可视化方法，更有效的结合地图展示及挖掘媒体事件带来的价值。

1.2　基于可视化的数据分析——可视分析

基于可视化的数据分析——可视分析（Visual Analytics）的概念由Wong在2004年

提出，并在 2012 年《大规模数据可视分析面临的十大挑战》[93]一文中指出：未来的十大挑战主要聚焦于可视分析领域所关注的核心主题：认知、可视化、人机交互的深度融合。国内的众多可视分析方面的专家[94]亦对国内和国外的信息可视化进展，以及可视分析中的挑战进行了综述。

1.2.1 可视分析的意义

可视分析将人所具备的、机器并不擅长的认知能力融入分析过程中，实现机器和人的相互协作与优势互补，有效地帮助人们提高数据分析的效率[93]。采用多种可视化方法对数据进行展示，结合专家经验知识对大型数据集进行数据分析是提高数据中隐性知识发现能力的有效方法。

可视分析是数据分析与信息获取的重要手段，它通过视觉和交互的手段，可以有效地帮助人们提高数据分析的效率，已经被证明为一种提高信息获取能力的有效方法[95]。可视分析的运行过程可看作"数据→知识→数据"的循环过程，中间经过可视化技术和自动化分析模型两条主线，从数据中洞悉知识的过程主要依赖两条主线的互动与协作。Green[96]根据人和计算机各自的优势，对分析推理过程中各自的角色进行建模，提出了支持人机交互可视分析的用户认知模型。

可视分析（Visual Analytics）是用户参与数据分析过程以及提高数据解释能力的重要手段，已经成为大幅度提高数据分析效能的方法之一。人民大学孟小峰教授[1]指出"对数据进行可视化和通过人机交互技术让用户参与数据分析过程是提高数据解释能力的主要途径"。Sacha[97]提出的可视分析模型（如图 1-50 所示）中指出可视分析可以将专家知识引入数据挖掘过程，通过建立探索循环、验证循环、知识产生循环，从而在数据模型和可视化结果中寻证数据中可能存在的模式。国际顶级会议如 VisWeek、SigKDD 的大量论文表明"数据可视分析方面的科学研究已经成为各领域中数据处理和分析方法的热点"。但在食品安全领域中，可视分析技术的应用尚在初步阶段。将领域知识与可视分析技术有机地结合从而实现更全面有效地隐性知识发现，是对可视分析技术和食品安全数据处理方法方面的深度拓展。在已查阅的文献范围内，少见系统的阐释将领域知识与可视分析技术相融合的研究，尤其是将其应用在食品安全领域中的研究更为少见。

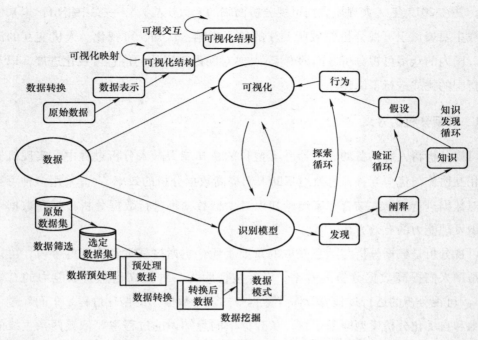

图 1-50   专家参与的可视分析与知识发现模型

1.2.2   数据隐喻与阐释

在提高数据隐喻和阐释方面的研究成果中，有三类主要的方法，分别为优化属性映射和布局、数据降维、数据聚合和属性融合。

1. 优化属性映射和布局

该方法是最常规也最易理解的方法。Ghani[6]通过点线式图像扩大数据点携带的信息量，提高数据的表达能力。张昕[7]使用树图的布局算法实现多层次型数据的表达，并对树图可视化中的交互方法和用户评价进行了研究。Glueck[98]提出一个多层放射环的形式，在该图中将更多的属性添加进可视化结果中。Cheng[99]将数据与属性融合，用于环境中的数据点、属性值的准确表达问题，并通过相似性矩阵表达属性和数据的相似性以及属性联系。Wang[100]使用嵌入式平行坐标的方法分析多分辨率的气候数据，解决不确定性数据的表达问题。

2. 数据降维技术

数据降维技术将高维数据映射到低维空间进行观察，是提升高维数据的分析能力的重要方法。Liu[47]通过数据降维方法，在数百万的数据规模可视化中达到 50 帧/s 的查询渲染速度。Ren[101]将数据中各维的分布规律整合进平行坐标轴中，通过边缘投影重构分类点的分布，从而支持数据集的关联挖掘。

3. 数据聚合和属性融合

通过数据聚合和属性融合将多种属性融合为一体，可有效提高数据阐释能力。Hurter[5]通过对核心密度进行预估实现图区域整合，从而增大可表达的数据规模，并有效降低连线交叉问题。Landesberger[102]通过对数据集空间简化为聚合流图，并结合时空聚类实现大规模的数据动态变化过程中的可视分析。Liu[103]将城市出租车轨迹数据聚合为一个特征图形，通过多层圆环图同时表达数据的多种属性，提高可视化的数据容量。Cao[104]提取网络用户中的行为特征，并将均值特征映射为标准特征环，突出独立用户区别于大多数用户的显著性特征。

1.2.3 数据关联分析

可视化方法在数据集特征提取、相关性和相似性分析方面的研究同样涵盖三方面内容：数据集特征抽取、数据关联性可视化和数据相似度比较可视化。

1. 数据集特征抽取

在数据集特征抽取的研究方面，王雪[105]对大规模数据库设计自动模式抽取数据特征，并对数据进行特征保持的抽象。Dutta[106]使用分布驱动的架构实现时变数据分析中的特征提取和跟踪。Gschwandtner[107]针对时变数据集中的不确定性提出一种可视编码方法，对不确定性进行有效表达。

2. 数据内容间的关联性研究

在通过可视分析方法实现数据内容间的关联性研究方面，Zhao[108]在交互过程中针对可视化对象进行动态关联，挖掘分析信息之间的显式和隐含语义关联关系。Goodwin[89]针对多属性数据中的关联可视化和对象相似性可视化分析，将填充块、地图块与散点矩阵相结合，实现高效的数据内容对比和分析。Hadlak[109]使用降维和聚类可视化的方法，表达学习过程间的关系表示以及人工神经元间的关系。Xie[110]和 Tam[111]分别将箱线图和散点图引入平行坐标轴中，用以表达对应维度中的数据分布规律和重点特征，然后结合分布规律分析数据相关性。

3. 相似度比较可视化

对于数据间的相似度比较可视化，Jorge[41]结合散点图投影技术和平行坐标，对不同数据内容间的相似度进行了可视化。Steffen[112]使用动态网络对属性的相似度矩阵进行了可视化,其中还引用了超图描述聚类间的多关系特性。Kehrer[113]通过 Small Multiple 显示数据在不同时间上的相似度,并将模型用于高维数据、时变数据和轨迹数据的相似性比对。Lee[114]通过针对多维数据,设计在不同维度上的放缩技术,计算高维数据空间上的结构相似性距离。Jang[115]将人体动作数据集进行抽象和聚合生成序列树,以表达动作数据间的相似性。

1.2.4 数据演化模式

针对数据集的变化规律和演化模式的可视分析方面,在不确定性数据中寻证确定性结论是主要研究方向。

1)在不确定性数据的表达和分析方面,浙江大学陈为教授团队[116]从不确定性的可视表达形式角度出发,梳理并总结了当前主流的不确定性可视化方法。Dasgupta[117]使用多维平行坐标可视化处理数据集中的不确定性,从数据集中寻证确定性结论。Wu[118]将分析推理过程中的不确定性因素进行可视化展示,使用不确定性流图对不确定性因素进行分析和管理。Wang[100]使用嵌入式平行坐标的方法寻证不确定性数据中的数据规律。

2)在数据演化规律分析方面,Xu[60]使用极坐标可视化人群乘车数据中的多分辨率时变分析,通过不同分辨率下的数据特性比对分析数据的变化规律。Bach[119]提出了一种 TimeCurve 的可视化形式表达数据集中的实体间关联关系,并发现数据的时间演化模式。VanGoethem[120]将可视分析用于不同粒度层次上的时序数据趋势预测,从而更为精准的分析数据的演化模式。VandenElzen[121]将网络状态数据集映射至低维空间中,根据映射点位置变化分析数据集的演化规律。

1.2.5 大数据视角下的可视分析

随着大数据的兴起,数据规模的不断产生与累积,如何从大数据中发现、提取有价值的信息和知识,成为当前大数据研究中的热点问题。李国杰院士[122]指出:"计算机行业正在转变为真正的信息行业,从追求计算速度转变为大数据处理能力"。

对于针对大数据的可视分析方法来说,有两方面需要解决:一是针对数据规模显著提高的可视化,二是针对数据中不确定性的可视化。

针对数据规模的显著提高，主要有如下几种研究思路[123,124]：

1）对大数据集进行数据采样或过滤，如 Johansson[125] 采用原子标记、聚合标记和云式密度绘制方法对兴趣数据和非兴趣数据进行不同等级的概览。王雪[105] 对大规模数据库，设计自动模式，对数据进行特征保持的抽象。

2）对信息节点进行重新布局，或各区域采用不同可视化密度，以改进空间利用效率，如捆绑、嵌套或隐藏部分节点等。如 Zhou[126] 通过捆绑边将大规模数据中的邻接边捆绑成一个数据束，突出聚簇内的数据近似性。任磊[127] 采用 Focus + Context，增强主要特征焦点的可视化效果。ASK – Graphview[128] 通过多尺度交互来对不同层次的图进行可视化，能够对具有 1600 万条边的图进行分层可视化。

3）多种可视化技术的协同和联合。如 Zhao[26] 结合 Treemap 和 Node – link 方法共同可视化层次数据。Yuan[129] 使用多维放缩将多个轴转换为一个独立的绘制空间，通过将点表达方式与平行坐标进行整合，以同时发挥散点图和平行坐标两者的优势。Ben[130] 使用 Treemap 与其他可视化方法的结合实现了 Billion 级的数据元素的表达。

4）与 3D 图形技术相结合，增加可利用的显示空间。如 Linsen[131] 使用 3D 可视化的方式对农药成分的检测数据 LC – MS 数据进行可视化，将可视化技术应用于食品安全领域的数据分析。

针对不确定性数据的可视化研究方面，浙江大学陈为教授团队[116] 在 2013 年从不确定性的可视表达形式角度出发，梳理并总结了当前主流的不确定性可视化方法，包括图标法、可视变量编码法、几何体表达法和动画表达法。Slingsby[132] 通过多维平行坐标轴，针对地理相关数据中的不确定性数据进行分析。Dasgupta[117] 使用平行坐标可视化处理数据集中的不确定性，从数据集中寻证确定性结论。Wu[118] 将分析推理过程中的不确定性因素进行可视化展示，使用不确定性流图对不确定性因素进行分析和管理。

1.3　基于可视化技术的用户交互技术

数据的分析过程往往离不开机器和人的相互协作与优势互补，可视交互将人所具备的、机器并不擅长的认知能力融入分析过程中，实现基于人机交互的、符合人的认知规律的分析。中科院的任磊[133] 针对可视分析中的交互技术也进行了综述。Pike[134]

从高层与低层映射的维度建立了信息可视化与分析的交互模型，对人、机在可视分析中各自的交互元素进行了细化的分类和定义。Cagatay[135]从交互的角度出发，探索多维度属性之间的关系。任磊[136]提出了一种模型驱动的交互式信息可视化开发方法，为非专家用户提供多种数据类型的支持，并在2013年提出了多层交互模型[137]，改善交互效率和体验。

随着分析任务越来越复杂，算法的复杂度也在逐步增加，Andrews[138]针对可视交互过程中的空间扩展问题，比对了通过大型高分辨率显示设备进行的物理空间扩展，以及用户通过缩放、平移等交互技术进行交互的虚拟空间扩展之间的差异。Neesha[139]通过交互式可视推理支持用户决策，并在可视化推理过程中，通过知识连接改善可视化交互过程体验。为降低算法运算等待时间，Charles[140]在2014年提出一个渐进可视分析模型，在算法运行的过程中，就显示算法的中间结果，分析人员可以随时来分析这些中间结果并对运算过程进行干预，从而降低可视分析过程的等待时间。

可视交互能够根据人和计算机各自的优势，实现支持人机交互可视分析的用户认知模型。任磊[136]提出了多层交互模型，实现模型驱动的交互式信息可视化，改善交互效率和体验。Cagatay[135]从交互的角度出发，探索多维度属性之间的关系。Andrews[138]针对显示设备的物理空间扩展及用户交互技术的虚拟空间扩展进行了比对。Charles[140]提出一个渐进可视分析模型，分析人员通过中间结果分析对运算过程进行干预，从而降低可视分析过程的等待时间。Walker[141]针对时序数据集中的交互式可视交互问题进行探讨。Dabek[142]在数据探索过程中，基于语法的方法生成用户交互的建议，并辅助专家用户实现多维数据集中的特定任务完成。

1.4 领域知识结合的分析技术

有效的利用领域知识能有效增加原始数据的可理解性，缩小挖掘结果和用户期望之间的差距，并显著提高挖掘结果的可理解度和有效性。Graco[143]在2007年的KDD年会上提出知识驱动的数据挖掘的概念。数据挖掘过程中的领域知识应用，其重要性体现在它能增加原始数据的可理解性，并显著提高挖掘结果的可理解度和直接操作性。有效的利用领域知识，可缩小挖掘结果和用户期望之间的差距，提高挖掘结果的实用性、有效性。Cao[144]对领域知识驱动的数据挖掘技术进行了综述，并指出"针对大数据的数据挖掘，领域知识驱动是一个必然的途径"。Mosavi[145]指出在基于大数据的决策过程中，相关领域知识能够很大程度上优化问题的解决模型。Dasgupta[146]提出混合数据分析方法，对传统分析方法与领域专家分析结果间的信任关系进行了研究。

　　对比人们在日常生活中的分析和识别过程可以发现，人脑对于各类事务均具备相当高的分析与决策能力，尤其是具备一定专业知识的人员参与后在数据和知识的整体把握能力上将更胜一筹。目前，结合可视化技术进行数据分析和数据挖掘，采用多种可视化方法对数据进行展示，进而利用人类的认知能力来对大型数据集进行数据挖掘和知识发现是快速提取有效信息的有效方法。

第 2 章
仿真领域数据的过程可视化

过程仿真是计算机仿真中的一个重要类别，根据整个生产或使用过程，按照过程特征或规律进行提前预演，能够提前模拟实际生产过程以预测所可能发生的事件，也可在培训过程中使学习者更好地理解生成过程，以在生产过程中提高生产效率，在另一方面，计算机过程仿真在提高生产过程的控制方面也具备积极的作用。

本章以油井灌浆过程为领域应用实例，针对油井灌浆过程中各种浆体的状态复现与数据分析问题，本章提出了一种针对过程数据分析的可视化方法。该方法在过程数据保存中，对所需分析过程的相关建模信息分为静态模型属性、动态模型的不改变属性和动态模型的可变属性，并分别进行过程数据采集和保存；在基于数据的过程复现过程中，首先针对不同分类数据，获取或计算得到复现所需的静态和动态模型数据；然后根据分析需求建立 2D 或 3D 静态载体模型，根据过程数据更新模型状态，并按照静态、动态模型的逻辑关系绘制该时刻的可视化结果。通过过程控制、数据回放和信息提示等交互方式，实现进一步的过程数据分析。

石油油井钻探过程中，对于复杂油井需要进行分段钻探，其中套管固井是一个重要的步骤。在套管固井的灌浆过程中，由于所涉及的浆体种类多、油井井筒形状及结构复杂，所需要考虑的影响因素和状态节点多，在针对套管固井的灌浆过程仿真是一个非常有意义的研究内容。

2.1 相关工作

随着制造过程和生产过程的不断复杂化、精确化，大量的感知设备被部署到制造过程和生产过程中，从而产生着大量的过程数据。过程数据具有一些其特有的性质，比如多层面不规则采样性、多时空时间序列性、不真实数据混杂性等[147]。在制造和生产过程中，为对过程进行管理和监控需要耗费大量的人力物力，而对于过程数据的分析，越来越需要科学、快速、高效的分析方法和分析平台，从而提高和完善制造和生产过程的工艺流程、生产参数，以及对过程中的异常状况进行提前预防，为制造过程的分析和改进提供技术支持和决策支持。如何对大量高度相关的数据进行分析，建立较为精准的过程模型，从而对过程进行控制，是工业生产中非常重要的问题[148]。

传感器数据采集网络在制作和生产过程中的广泛应用，为制造和生产过程数据的分析为工艺技术的改进提供了数据依据[149]。传感器采集网络通过传感器技术，将分布在各采集点上的传感器的状态数据实时传回数据采集中心，然后在采集到的实时数据基础上，依托该数据集进行仿真，并结合必要的专家交互，对所仿真过程的流程做出预判和相关措施。

在过程仿真的数据源方面，数据一般由离散采样的数据点构成，每个采样点/采样时刻上的采样值代表该点/该时刻上的一个或多个物理属性值。仿真处理的数据，第一类是来自对现实世界的测量结果，如医学上的计算机断层扫描数据和核磁共振数据；第二类来自对现实世界进行模拟计算产生的数据，如工程上有限元分析和计算流体力学的方法产生的各种模拟数据；第三类来自对现实世界相关的物理量进行计算处理后产生的数据，如工程中常用的变换域计算的结果。

在过程数据分析中，对制造和生产过程的基于实际环境中的数据采集以及基于数据的过程复现是一个重要的技术支撑[150]，过程复现对过程控制中的参数的详细评估，以及系统效能的提高具有重要作用，尤其对于制造和生产过程中的失效过程复现[151]更是具有非常重要的地位。谢奇峰[152]通过设计训练复现与评估系统，记录训练过程中的各类信息数据，并实现过程复现，从而提高协同和控制的水平。

过程数据的分析一般来说有两大类方法，一类是针对过程中记录的各种状态数据进行统计分析，其中包括主元分析（PCA）、主元回归（PCR）、偏最小二乘回归（PLS）等[153]。这种方法查阅简单、易于在不同生产过程中进行对比，并且非常容易发现数据的变化，但这类方法的缺点也显而易见，就是其数据的分析需要大量的专业经验，大多数数据分析人员无法敏感的感知数据的变化所对应的过程工艺的差异及影响。另一类是通过结合过程仿真手段，根据整个生产或使用过程的采集数据，对过程进行复现分析以优化生产过程的控制提高生产效率，或按照过程特征或规律进行提前预演，从而发现实际生产过程所可能发生的事件，做好预案或预防措施。

对于过程数据仿真来说，所主要面临的难点在于两方面。一方面是采集到的原始过程数据往往并不能直接用于最终展示过程，以油井灌浆过程为例，传感器能采集到的数据是每一离散时刻的灌浆类型和灌浆量，在以往过程数据分析过程中，一般是专家根据数字，或者根据经过简单计算的结果，判断当前整个油井中各种液体类型的状态。另一方面，数据是以数据流的形式不断产生的，而非一次性提前获取到的，因此必须以流式过程数据为基础进行与真实过程或仿真过程同步的实时可视化。

在过程数据的可视化表现形式方面，目前的过程/流场可视化方法可以分为五类：直接可视化、基于纹理的可视化、基于空间剖分的可视化、基于特征的可视化以及基于几何的可视化。过程数据可视化属于基于几何的可视化技术，如董延昊[154]将数据映射到三维空间中，以信息密度高的三维形态呈现多工作流实例视图，用于揭示工作流数据中隐含的知识。

油井固井中的灌浆过程，是油井钻探过程中的一个重要环节，灌浆过程中所涉及的浆体种类多，对于灌浆过程的准确描述也非常复杂。研究者们提出了大量的相关仿真方法。如王金堂[155]就对油井的套管固井进行了模拟仿真与分析。但对于灌浆过程的实时动态可视化仍然缺乏。其不足之处为：不能实时、直观地还原油井灌浆过程。

本章以油井灌浆过程作为实际应用示例，通过可视化技术展示油井灌浆过程中的各时刻流体状态。本章所提出的方法，结合可视化技术，根据传感器采集到的各种数据，能够展示整个油井中各种浆体的实时状况，包括油井内筒型浆体的下行状况和环空型浆体的上行状况。首先根据流体数据所依托的静态模型，将传感器采集到的状态数据，转换为适合于可视化过程的动态模型数据。并通过不同的纹理，表示灌浆过程中不同的流体类型。最终在传感器采集过程中，实时生成直观清晰的过程可视化结果。实验结果表明，本方法对于油井灌浆过程的实时状态展示提供了算法支持，能够使油井灌浆过程得以直观表达。

2.2 流式过程数据实时可视化方法

本章提出的方法，首先根据数据依托的静态模型建立分段模型，针对每一给定时刻的流体状态数据，分别针对不同的数据状态，建立与静态载体模型匹配的数据分段展示模型，并进一步建立数据绘制信息表；绘制过程中通过纹理映射进行流体类型标识；最终根据逻辑关系进行绘制获得最终的可视化结果。针对灌浆过程中的各种浆体的状态、控制流程进行可视化仿真，最终将仿真结果呈现在交互界面中，并通过交互界面实现过程回放、数据获取等操作。

在油井灌浆过程数据可视化过程中，提前给定的静态数据主要包含：

1）表征油井走势的各定位点的坐标；

2）表征油井形状的油井外径；

3）灌浆过程中使用的石油套管的外径、内径。

灌浆过程中实时采集到的动态状态数据包含：

1）当前灌注的浆体类型；

2）当前时刻当前灌注浆体的已灌注量（体积）；

3）石油套管内筒中的上液面深度。

2.2.1 主要可视化流程描述

针对流式过程数据的实时状态展示问题，设计了一种动态可视化方法，该方法主要包含如下几个步骤：

1）构建可视化基础数据，主要包括所需可视化的实时过程数据所依托的静态基础模型，以及与实时可视化相关的静态信息获取。

2）针对采集到的实时过程数据，依托上一步建立的基础模型，建立分段信息表，并以此建立分段动态模型，将模型主要信息保存在当前状态下的绘制信息表中。

3）根据实际过程中数据所映射模型的逻辑关系，按逻辑关系绘制各状态中的所有静态模型和数据动态模型，从而得到各时刻数据可视化结果。

下面以油井灌浆过程数据为例，依次阐述该数据的可视化方法。详细处理流程如图 2-1 所示。

2.2.2 建立静态模型及绘制信息表

在油井固井的灌浆过程中，石油套管首先被布置到已钻好的井筒中，石油套管固定妥当后，各种类型的浆体依次灌入到石油套管中，浆体沿套管中心到达油井底部后，将沿石油套管和井筒间的缝隙回流至井口。灌浆过程中的浆体流向如图2-2所示。

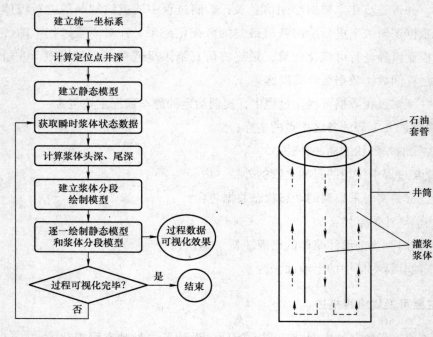

图 2-1　油井灌浆过程可视化流程　　　　图 2-2　灌浆过程浆体流向示意图

通过数据采集网络，在油井灌浆过程中，主要采集所灌入的各种浆体的时间、流量，并实时测量井口的浆体尾深。

实际钻井过程中，油井是由多个直线段组成的，每个直线段称为一个"井段"，两个井段间形成一个拐角的形状，油井的井段两端端面中心点称为"定位点"。

油井灌浆过程中的静态模型包含：

1）油井外筒模型；

2）石油套管模型。

可视化过程所需的基础信息包括：

1）油井的各定位点信息；

2）浆体所在的各井段信息。

静态模型及基础信息的建立或获得过程为

第1步：建立用于计算的统一坐标系。建立坐标系的方法：以油井井口中心点为坐标原点；过井底中心点作一条竖直向上的直线；以过坐标原点，并与直线垂直相交的方向为 x 轴；以过坐标原点垂直向下的方向为 y 轴；建立二维直角坐标系。

基于该坐标系和该坐标系内的各定位点坐标，连接各定位点即可获得油井中心线。图2-3所示为本例中井段、定位点和坐标系示意图，图中 A_0 点为油井井口中心点，A_0A_1、A_1A_2 等直线段称为井筒段，确定井筒走向和形状的点序列 $A_0A_1A_2A_3A_4$ 为定位点。

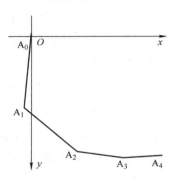

图 2-3　坐标系建立示意图

第2步：依据给定的各定位点坐标计算各定位点井深，该计算是为了更为便捷的展现浆体状态数据。第1个定位点（即井口位置）井深为 $Depth_1 = 0$；当 $n \geqslant 2$ 时，第 n 个定位点的井深可根据式（2-1）计算得到，

$$Depth_n = Depth_{n-1} + Dist_{n-1} \qquad (2\text{-}1)$$

式中，$Depth_{n-1}$ 为第 $n-1$ 个定位点的井深；$Dist_{n-1}$ 为第 n 个定位点与第 $n-1$ 个定位点的距离，可使用式（2-2）计算得到：

$$Dist_{n-1} = \sqrt{(x_n - x_{n-1})^2 + (y_n - y_{n-1})^2 + (z_n - z_{n-1})^2} \qquad (2\text{-}2)$$

式中，(x_n, y_n, z_n) 和 $(x_{n-1}, y_{n-1}, z_{n-1})$ 分别为第 n 个和第 $n-1$ 个定位点坐标。

第3步：建立定位点信息表和井段信息表。

定位点信息表的结构中包含：定位点唯一编号、定位点 x 轴坐标、定位点 y 轴坐标、定位点井深等信息。其中，定位点井深的值是由步骤3计算得到，第 n 个定位点井深的值即为 $Depth_n$。油井中的每一个定位点生成一个记录节点（类实例），添加至定位点信息表中。

井段信息表的结构中包含：井段唯一编号、井段尾深点坐标、井段头深点坐标、井段尾深、井段头深、井段长度、油井井筒内径（半径）、石油套管外径（半径）、石油套管内径（半径）等信息。其中，第 n 个和第 $n-1$ 个定位点之间的井段称为第 $n-1$ 个井段。每个井段的井段头深和井段尾深为井段两端的定位点井深，其中井段头深 >

井段尾深；每个井段的井段长度的值是由式（2-2）计算得到，第 $n-1$ 个井段的井段长度为 Dist_{n-1}。油井中的每一个井段生成一条记录，添加至井段信息表中。

第 4 步：建立静态模型。在本例中静态模型包括：油井井筒模型和石油套管模型。

本可视化方法所提出的数据结构，能够支持 2D 和 3D 展示方法。在 2D 展示方法中，每一个直线井筒段与其对应的石油分段，均由两个梯形来表示，同一层中的相邻两井筒段的梯形，分别共享一条侧边，2D 展示方法中的井筒模型示意图如图 2-4 所示。图 2-4 中 $A_1 A_2 A_3 A_4$ 表示油井中心线，其中 A_2 和 A_3 是定位点，$A_2 A_3$ 之间的部分属于一个井段。$D_2 D_3$ 和 $G_2 G_3$ 外侧部分属于油井井筒模型部分。$B_2 B_3 C_3 C_2$ 和 $E_2 E_3 F_3 F_2$ 两部分属于石油井筒的模型表示部分。

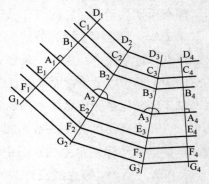

图 2-4　2D 静态模型表示方法示意图

在 3D 展示方法中，每一个井筒段与其对应的石油分段均由一个中空的环形筒体模型来表示。每一段模型由两个环形的三角带作为中空环形的底，内侧面和外侧面分别由三角带形成。

第 5 步：指定各静态模型和浆体的纹理。

为井筒、石油套管以及油井灌浆过程中涉及的每一种流体类别设计一种纹理图片，并为每一种纹理图片编排唯一编号。在本章实例中的油井灌浆过程中浆体类别包括钻井液、先导浆、冲洗液、隔离液、领浆、尾浆、重泥浆、原泥浆。井筒、石油套管及各种流体与纹理图片一一对应。

2.2.3　建立浆体动态模型及绘制信息表

在油井灌浆过程中，各种类型的浆体依次从套管中心灌入，浆体沿套管中心到达油井底部后，将沿石油套管和井筒间的缝隙回流至井口。需要根据灌浆流程计算出所有已灌入油井中的所有浆体的头深和尾深，具体为：首先根据每种浆体的开始时间、结束时间、流量，计算其灌入油井套管的体积；然后根据油井套管在每个井段中的形状和内外径数据，计算每一种浆体在当前时刻的头深和尾深。

各种浆体的动态模型的具体方法可描述如下：

第 1 步：根据井筒模型体积和灌浆量，计算各类型浆体的头深和尾深。

对于内筒型浆体，第 n 种浆体的头深的计算方法如式（2-3）所示，

$$D_H = d + \sum_{i=n}^{M} V_i / (\pi r_0^2) \tag{2-3}$$

式中，d 为石油套管内筒中的上液面深度；M 为已注入的浆体的总种数；V_i 为第 i 种浆体已注入的体积量；$\sum_{i=n}^{M} V_i$ 为第 n 种浆体及其后灌入的所有浆体的体积；r_0 为石油套管的内径（半径）。

对于环空型浆体，第 n 种浆体的头深的计算方法如式（2-4）所示，

$$D_H = \left(\sum_{i=n}^{M} V_i - (\pi r_0^2 (D - d)) \right) / (\pi R^2 - \pi r_1^2) \tag{2-4}$$

式中，d、M、V_i 与式（2-3）中的意义相同；D 为油井总深度；$\pi r_0^2 (D-d)$ 为已灌入浆体存在于石油套管部分的体积；R 为油井井筒的内径（半径）；r_1 为石油套管的外径（半径）。

对于正在注入的浆体来说，其尾深即为石油套管内筒中的上液面深度，其他情况的第 n 种浆体，其尾深即为第 $n+1$ 种浆体的头深。

根据式（2-3）和式（2-4），可依次计算出各种浆体的头深和尾深。

第 2 步：计算浆体在静态模型上的依附位置。首先根据浆体的头深和尾深，比对井筒井段信息，获得浆体头深尾深所在的井段信息。然后计算浆体头深点和尾深点的具体坐标。具体坐标的计算方法如式（2-5）所示，

$$\begin{cases} x_\mu = x_T + (x_H - x_T) * \mu \\ y_\mu = y_T + (y_H - y_T) * \mu \end{cases} \tag{2-5}$$

式中，(x_H, y_H) 和 (x_T, y_T) 分别是所在井段的井段头深点坐标和井段尾深点坐标；(x_μ, y_μ) 为所求的当前浆体头深点坐标或尾深点坐标；μ 为当前浆体头深点或尾深点所在井段的深度比例，其计算方法如式（2-6）所示，

$$\mu = (D_H^L - D_T) / (D_H - D_T) \tag{2-6}$$

第 3 步：建立浆体段信息表。其中浆体段信息表的结构包含：浆体段唯一编号、浆体形状（内筒型、环空型）、浆体类别、浆体段头深、浆体段尾深、浆体段头深点、浆体段尾深点、浆体段所包含的所有定位点等信息。其中浆体段所包含的所有定位点，可通过比对定位点信息表，将定位点井深在浆体段头深和尾深之间的定位点依次加入

即可。已灌入油井中的每一种浆体生成一条记录（类实例），添加至浆体段信息表中。

第4步：分割浆体段，建立浆体分段绘制模型。由于相邻井筒段之间存在弯折现象，在绘制时不便于计算，因此将跨多个井筒段的浆体段分割为多个绘制段。分割方法为，根据浆体段所包含的所有定位点，将浆体段分割为首尾相连的绘制段。绘制段的结构包含：浆体形状（内筒型、环空型）、浆体类别、浆体绘制段头深点、浆体绘制段尾深点等信息。需要指出的是，每一个浆体绘制段都是一个直线段，非常便于绘制过程。

2.2.4　绘制过程

根据实际过程中数据所映射模型的逻辑关系，按逻辑关系绘制各状态数据中的所有静态模型和数据动态模型，从而得到各时刻的仿真结果。

在油井灌浆可视化过程中，各模型的逻辑关系由外到内依次为油井外筒、环空型浆体、油井套管、内筒型浆体，绘制过程中将按照该顺序依次绘制，并映射各静态模型和浆体的对应纹理，得到各灌浆状态的仿真结果。

在结果展示过程中，由于油井和套管的直径一般在1m以内，而油井和套管深度一般为几千米，因此在最终的展示效果中，如果按实际比例进行展示，套管和油井将展示为一条细线。

在本章提出的可视化方法中，将油井和套管的直径数据进行等比放大，放大系数根据显示效果调节，一般在500～1000倍之间。

根据所设置的展示方式，绘制系统中的静态模型，并绘制当前时刻所有动态模型。在本例中，即为绘制静态模型和石油套管模型，根据各浆体绘制段信息绘制当前时刻的浆体状态。并根据浆体的类型，设置浆体的纹理。

对于2D展示方式，根据油井灌浆展示系统中各组件的逻辑关系，按油井井筒→环空型浆体→石油套管→内筒型浆体的顺序进行绘制。对于3D展示方式，除需要按上述顺序进行绘制外，还需设置需要的观察切面。

2.3　实验结果与分析

基于本章提出的算法思想，已经实现了过程数据可视化系统模型，硬件平台为intel core i5 2410M 2.3GHz CPU、4G 内存和 AMD Radeon 6630M 显卡。本章中所提出的各方法步骤已经应用于油井灌浆的实时可视化中，所涉及到的灌浆液类型包括：钻井液、先导浆、冲洗液、隔离液、领浆、尾浆、重泥浆、原泥浆。

图 2-5 所示为油井灌浆过程仿真的一个 2D 展示效果的交互截图，通过图中能够看出，本章所提出的方法，能够为使用者提供直观、易于理解的仿真效果，并能够快速便捷的对灌浆过程进行仿真。在仿真结果中，还可以通过鼠标与仿真结果进行交互，通过点选任意位置，显示该位置的横纵坐标。

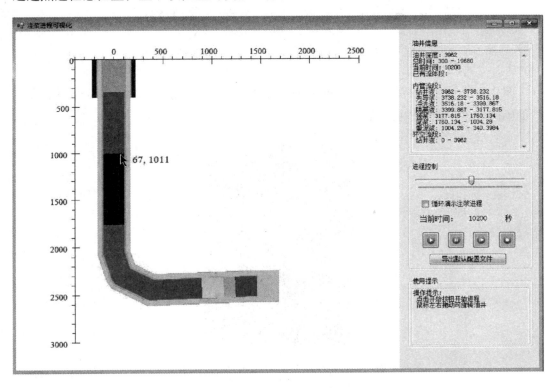

图 2-5　油井灌浆过程仿真展示效果

图 2-6 所示为仿真过程中与图 2-5 中的状态对应的各浆体分段的具体信息。从图中能够准确地展示各种流体的状态变化。

图 2-7 所示为仿真过程中，对油井灌浆过程中进行仿真控制的界面，在该界面中可以通过调节进度条控制仿真进程，显示指定仿真时间的仿真效果。

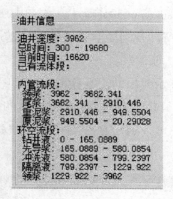

图 2-6　仿真过程中的各浆体分段信息　　　图 2-7　油井灌浆过程的仿真控制界面

　　图 2-8 所示为基于本文所提出的方法，实现的 3D 可视化展示效果。从图中能够直观准确的展示各种流体的状态变化。

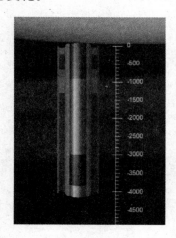

图 2-8　过程数据 3D 可视化方法效果图

2.4　结论

　　本章针对过程数据的分析需求，提出了一种可根据过程数据进行复现的可视化方法，并以油井灌浆过程为例进行了实现。该方法针对过程中所涉及的数据分类为静态模型属性、动态模型的不改变属性和动态模型的可变属性，并分别采取不同策略进行存储；在复现过程中该方法首先分析实时采集到的数据特征，基于数据特征建立与数据相吻合的静态模型。在与数据采集同步的实时展示过程中，针对采集到的流式状态数据，建立与数据依附的静态模型相匹配的分段动态模型。最后根据分析需求建立 2D 或 3D 模型，根据过程事实中的逻辑关系，依次绘制模型得到复现结果；通过过程控制、数据回放和信息提示等交互方式，实现进一步的过程数据分析。实验表明，本文所提出的方法，能针对现场采集的或仿真生成的流式状态数据进行实时可视化展示，所提出的数据处理方法能同时支持 2D/3D 展示，绘制效率能满足实时绘制和交互需求。

第 3 章
影视领域数据的时空可视化

针对电视剧收视率在播放过程中的影响因素分析需求，本章提出了一种时空特征可视分析方法。首先基于热力图映射方法，展示不同电视剧题材随播出时间变化的收视率时序特征，并叠加条形图展示相应分类下的收视率均值，用于分类间的对比分析；然后基于地理位置偏移映射方法，对电视台的播出量、收视率均值，以及收视观众人群的性别、年龄、职业分布随地域变化的空间特征进行展示。以国内具有典型代表性的电视台在 2015 年 3 月—2015 年 12 月间的收视数据为例进行实验的结果表明，该方法能够快速获取不同电视台和电视剧类别在收视率和观众两个方面的对比可视分析，总结出各目标电视台的差异性特征，有助于帮助电视台在制作、购买和编排电视剧等方面做出决策。

3.1 引言

近年来，可视分析领域的研究者们针对具有时空特征的数据，通过其时空关联的可视分析，重点研究其数据分布模式，即对数据集中研究对象的行为特征或各属性分布特征进行分类描述。如对社交网络中用户的行为模式分类、对共享单车用户的出行模式分类、对出租车载客的时空模式描述等，分类结果有助于用户发现研究对象潜在的周期性行为和长期趋势。

针对数据分布模式描述的可视分析方法研究，从分析数据集各类属性分布模式的目的出发，设计多种能够突出展示数据集兴趣度高的各类属性的创新型混合布局可视化方法，对多种复杂多维数据集从不同角度进行数据分布模式的描述。整个处理流程中，提出多种创新型可视化混合布局方法，最终实现多视图协同可视分析系统，应用于多领域数据集中，帮助领域专家和用户提出有针对性的管理和推荐方案。

目前针对具有多维、层次、时空等多种特征的数据集的可视化方法，常采用节点链接法、树图、放射环等来进行对层次属性的可视化；采用散点图及散点图矩阵、雷达图及平行坐标等来进行对多维属性的展示；采用地图或流式地图等来进行对时空属性的可视化。目前有针对性的可视化方法研究较少，并且没有直接应用于展示数据对象多角度分布模式的可视化方案。本课题拟得到从时间、空间、关联倾向性三个角度出发的多类型可视化方法，在图元布局方法以及可视化元素编码上均有所创新，同时采取多视图协同分析的手段，更为高效快速地进行数据分布模式的描述与分析。

本章选取的实验数据集是 2015 年 3 月—12 月全国上星电视台的电视剧收视率数据。这两类数据涉及的领域均为近几年的研究热点，其中，电视剧投放关系国民思想道德和精神文化建设，收视率是当今"注意力经济"时代的一个重要量化指标，是对电视收视市场深入分析的科学基础，是电视剧制作、编排及调整的重要参考指标，是提高广告投放效益的有力工具[156]；通过可视分析的方法进行数据规律上的探索，有助于领域专家根据数据分析结论和探索的规律进行进一步的决策，具有较大实用价值和研究意义。

电视剧播出效果受到播出频道和时段、宣传和竞争等外部因素，以及电视剧内容、类型、集数等内部因素的共同影响[157]。电视台在电视剧的题材选定以及播出时间编排方面，需要对各电视台的收视数据进行分析，在了解各类别电视剧的在不同节目编排方式下的收视率变化及特点的同时，对电视台的观众人群及其特征进行描述，从而能够为电视台的节目优化提供合理的建议。

目前，国内外针对电视观众和电视剧收视率的数据分析的研究较少，少有的研究主要集中在从统计学方法的角度的定性分析上（如电视剧收视率的统计图表），而将直观生动的可视化方法引入到电视剧乃至电视台的收视特征描述的可视分析方法研究较为少见。

根据上述电视剧收视数据分析的需求，并结合对媒体业界专家的调研结果，本章针对两类目标展开分析：

1）电视台的收视率随电视剧类型和播出时间的变化情况；

2）电视台播放不同类型电视剧的观众人群在地域、性别、年龄、职业等维度上的分布情况。

本章针对电视剧收视数据集，由两类分析目标出发，采用热力图与条形图相结合的形式，展现电视台在不同电视剧题材和播出时间的收视率变化；采用基于矩阵布局的地理位置偏移映射方法，展现电视台不同题材的受众人群特征随地域的变化，从时间和空间维度两个方面对该数据集进行可视分析，从而得到各电视台播放电视剧题材的时序特征，以及收视人群的地理相关的空间特征分析结论。该方法的使用结果表明，本章可视分析方法能够有助于帮助电视台在制作、购买和编排电视剧等方面做出准确的决策。

3.2　相关工作

3.2.1　文化传媒领域相关数据分析现状

收视率作为"注意力经济"时代的重要量化指标，是深入分析电视收视市场的科学基础，是节目及电视剧制作、编排及调整的重要参考，是节目评估的主要指标，是提高广告投放效益的有力工具。目前对电视剧收视数据的研究主要有以下两类：

1）企业内部综合统计分析系统．央视索福瑞媒介研究公司（CSM）为国内领先的广播电视受众研究机构，其对电视剧收视数据的研究主要是通过 CSM 自主研发的电视剧查询与收视分析系统 TVPRIS⊖，提供多种查询与分析功能，供媒介从业人员进行统计分析和各类查询；但其重点针对媒介人员查询，可视化方式较为单一，且暂不提供给外部普通研究人员使用。

2）学术领域多采取统计学中的各类统计图表进行分析。国内学者对于相关数据的分析多采用传统的统计图表，如 SAS、SPSS、Minitab、excel 等可自动生成常见的柱状图、饼状图等进行 1～2 个数据维度的统计分析[158]，这类方法简洁直观，但表达的信息量较少．如张辉等[156]采用多元统计分析方法，并利用 SPSS 进行聚类分析，仅采用柱状图和折线图对影响电视剧收视率的多种因素进行分析，得到了部分结论，但缺乏全面直观的可视化效果，对于研究者参考欠缺说服力。

近年来兴起的"数据新闻"，即是在新闻报道中结合相关数据并使用可视化的方法来展示新闻故事的背景与前因后果，无疑比传统的新闻报道方式更具说服力与可探索

⊖　http：//www.csm.com.cn/cpfw/ds/fxxt.html

性。早在 2009 年，国际知名的新闻媒体《卫报》就开创了"数据博客"频道[159]，其制作的数据新闻涵盖了政治、经济、体育、公共卫生等多领域。之后，《纽约时报》也制作了关于 2012 年美国总统大选的交互可视化应用[160]。在国内，网易、腾讯等新闻媒体都设置了数据新闻栏目，Chen 等[161]针对体育赛事新闻做出了对比赛过程和赛季数据的可视化系统。

3.2.2　信息可视化方法现状

信息可视化是对抽象数据使用计算机支持的、交互的、可视化的表示形式，以增强认知能力，其侧重于通过可视化图形呈现数据中隐含的信息和规律。电视剧收视数据集同时具备播出时间、观众地理位置信息等，属于典型的多维时空数据。因此，本章重点研究多维数据和时空数据的可视化技术。

在多维数据可视化技术方面，常用的方法有平行坐标系、散点图以及由散点图结合矩阵思想而引出的散点图矩阵[40]。针对时变数据，Havre 等[162]提出堆叠的语义流方法，采用线性的时间轴布局，显示多个时间序列数据的对比. Xie 等[163]提出 Knot-Lines 方法，采用音符形状映射随时间变化的电子交易数据。针对地理数据，常采用基于地图的地理信息可视化，如 Lu 等[92]提出一个地理相关的微博话题关注度的可视化结果，分别将地图结合饼图及颜色分别形成不同的属性视图。Flow map 将时间事件流与地图融合，面对数据量增大带来的图元交叉、覆盖等问题，常采取边捆绑的方式来进行优化[164]。单一使用以上的方法展示的信息量较少，且地图直接叠加饼图当缩放到一定程度会存在明显的饼图遮挡问题。

在可视化布局方面，将常用的可视化方法结合起来能够使人有效地观察与分析数据属性之间的关联关系以及数据集的感兴趣特征，如杨珂等[165]提出一种平行散点图的方式分析多维数据集之间的关系，将散点图和平行坐标结合在一起，表示多维数据之间属性的关系；Goodwin 等[89]提出了结合散点矩阵、地理信息以及像素图的相关性非对称矩阵布局，展现多属性的正负相关性以及地理区域的相关特征；Fu 等[166]针对 MOOC 论坛数据提出 iForum 系统，将柱状图、热图和饼图结合矩阵布局分析发现用户交流的时间模式。本章也采取这类方式，针对电视剧收视数据集，结合热力图、矩阵布局、地理像素图，以及饼图、柱状图等方式进行综合，以展现多属性的多种可视化方法。

3.3　可视分析设计流程

　　本章针对电视剧收视数据集设计了一套如图 3-1 所示的可视分析方案，分别包含数据预处理、方法设计以及原型系统实现三部分。首先，在数据预处理阶段，将电视剧收视数据集进行分类统计，形成收视类信息和观众类信息两个子数据集，并存入数据库中；然后，针对时空特征分别设计混合布局可视化方案，以突出直观展示对应子数据集的属性特征；最后，每个方法对应形成可交互的可视分析视图，从不同角度做出关于不同电视台和不同电视剧题材的对比分析，从而实现对电视台播放的各题材电视剧的收视率时序特征和观众地域特征的总体把握。

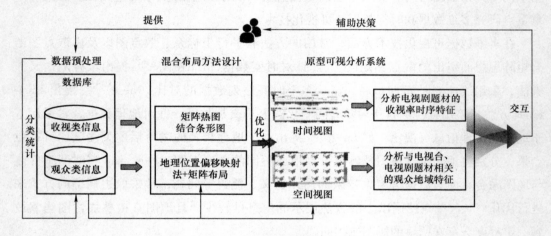

图 3-1　可视分析设计流程图

3.4　数据集分析与预处理

　　本章用于分析的数据来源于中国广视索福瑞媒介研究（CSM）2015 年数据集（本章称为数据集），包含我国大陆地区 34 个城市的收视数据，以每部电视剧每一集为基本元素，主要包含两类信息：收视类信息与观众类信息。其中收视类信息包括电视剧名称、播放频道、播放日期、开始时间、播放集号等，测量方法为"35 城/50 测量仪城收视率百分比"；观众类信息包括观众所属地区、性别、年龄、职业等。

为便于可视分析，对收视类信息根据各电视频道和各电视剧所属题材类别，分类统计其总播放量（时间段内播出电视剧总集数）和平均收视率。对每一个地区对应的观众构成信息分别进行性别、职业及各年龄段占比计算。

对数据中的时间信息进行数值化转换。时间信息涉及播放日期、开始时间两个属性，数值化方法如式（3-1）所示：

$$\begin{cases} V_{D_i} = 31m_i + d_i \\ V_{T_i} = 60t_{h_i} + t_{min_i} \end{cases} \qquad (3\text{-}1)$$

式中，m_i，d_i 分别为第 i 条记录对应的月和日；V_{D_i} 为其映射数值；t_{h_i} 和 t_{min_i} 分别为第 i 条记录对应的开始时间小时和分钟；V_{T_i} 为其映射数值。

为泛化分析结论，提高分析结论的适用性，本章将电视剧类型信息引入到分析过程中，分析电视剧类型与其他影响因素的关系。按照客观标准和逻辑学结合所表达的意义对电视剧进行分类，从主题题材维度上对作品进行如表 3-1 所示分类。当电视剧同时属于多个分类时，选取其最主要的类型作为唯一所属类型。

表 3-1　电视剧的题材类别分类

分类标准	具体类别
按题材	职场、爱情、传记、谍战、革命、家庭、警匪、军旅、抗战、历史、励志、伦理、民国、农村、青春、情感、商战、喜剧、悬疑、战争、科幻、栏目剧、宫廷、武侠、玄幻

3.5　针对收视数据的时序特征可视分析

本节针对各电视台播放电视剧的题材、播出日期与收视率变化情况，提出了一种时序矩阵热力图可视化方法，展现不同类别电视剧在不同播出日期或播出时段的收视率变化情况。

3.5.1　时序矩阵热力图

矩阵热力图主要展现电视剧题材、播出日期或时间、收视率间的相互变化情况。将两个影响因素分别排列为 $m \times n$ 的矩阵，矩阵的行映射各电视剧类别，m 的值最大为所有电视剧题材类别数；矩阵的列映射时序节点，分为电视剧播出日期和播出时间两种选择。热图矩阵中第 $P_{i,j}$ 个节点表示行中第 i 个节点与列中第 j 个节点之间的关系，其颜色映射公式（3-2）所式：

$$N_{\mathrm{CL}_{P_{i,j}}} = \frac{R_{\mathrm{TAM}_{P_{i,j}}} - \min R_{\mathrm{TAM}}}{(\max R_{\mathrm{TAM}} - \min R_{\mathrm{TAM}})/12} + 1 \qquad (3\text{-}2)$$

式中，$R_{\mathrm{TAM}_{P_{i,j}}}$ 为第 i 行对应的电视剧类别在第 j 列对应的时间点上播出的收视率；$\max R_{\mathrm{TAM}}$ 和 $\min R_{\mathrm{TAM}}$ 分别为映射到热图矩阵中的所有元素对应的收视率最大、最小值；$N_{\mathrm{CL}_{P_{i,j}}}$ 为第 $P_{i,j}$ 个节点对应的颜色编号，颜色编号（1～12）对应的颜色 RGB 值依次为 [51，255，102]、[92，255，82]、[133，255，61]、[173，255，41]、[214，255，20]、[255，255，0]、[255，213，0]、[255，170，0]、[255，128，0]、[255，85，0]、[255，43，0]、[255，0，0]。

3.5.2　叠加行列统计条形图

为帮助用户整体把握数据的统计平均值，在矩阵热图上叠加行列条形图。横轴节点的映射提供"按日期"和"按时间"两种尺度；纵轴节点的映射按照题材的分类方式；下方的水平条形图表示矩阵各列（即每个播放日期/开始时间）的收视率的平均值；左侧的垂直条形图表示矩阵各行（即每个电视剧类型）的收视率的平均值。

为使用户有更直观的感受，为条形图添加渐变的颜色编码，数值越大的颜色越深，电视台的筛选可显示全部整体结果，也可按照电视台进行电视台特征的对比分析。图 3-2 所示为选取收视率综合排名前五中的湖南卫视和江苏卫视进行电视台收视率情况

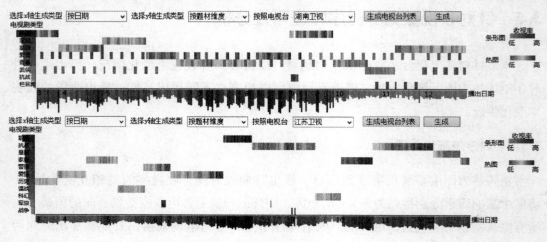

图 3-2　两个电视台随日期时序矩阵热力图对比（彩图见插页）

时序特征可视化效果。图 3-3 所示是将横轴由日期变为开始时间的可视化效果。

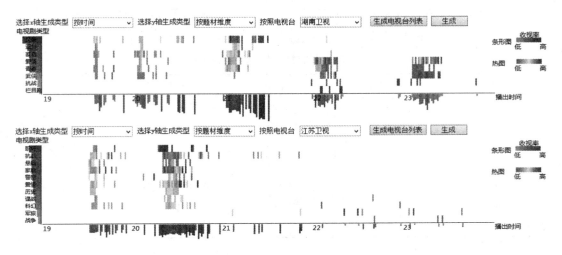

图 3-3　两个电视台随时段时序矩阵热力图对比（彩图见插页）

3.6　针对观众数据的空间特征可视分析

结合电视剧题材类型和收视类信息，针对观众类信息，本章设计了一种位置矩阵块可视化方法，使其能够同时展现不同电视台和不同类别电视剧的观众性别、年龄、职业随地域分布情况。

3.6.1　观众属性的占比情况映射

观众类信息包含性别、年龄和职业，在众多可视化方法中，饼图能很好地体现属性值占比的差异情况；其中，各扇区对应属性及其对应的颜色编码见表 3-2。

3.6.2　观众属性的地域特征映射

本章数据中的观众类信息包括观众所属地区、性别、年龄、职业等，所属地区包含我国 34 个城市（北京、长春、长沙、成都、大连、福州、广州、贵阳、哈尔滨、海口、杭州、合肥、呼和浩特、济南、昆明、兰州、南昌、南京、南宁、青岛、上海、深圳、沈阳、石家庄、太原、天津、乌鲁木齐、武汉、西安、西宁、厦门、银川、郑州、重庆）；年龄分段为七个分段（4 ~ 14 岁、15 ~ 24 岁、25 ~ 34 岁、35 ~ 44 岁、45 ~ 54 岁、55 ~ 64 岁、64 岁以上）；职业划分为六种（学生/无业、个体/私营企业、公务员/雇员、工人、干部/管理人员、其他）。

表 3-2　饼图对应属性及颜色编码

扇区	性别	年龄/岁	职业	颜色 RGB 值
a_1	女	4 ~ 14	学生/无业	[255, 193, 203]
a_2	男	15 ~ 24	个体/私营企业	[152, 251, 152]
a_3		25 ~ 34	公务员/雇员	[135, 206, 255]
a_4		35 ~ 44	工人	[255, 165, 0]
a_5		45 ~ 54	干部/管理人员	[238, 130, 238]
a_6		55 ~ 64	其他	[139, 0, 0]
a_7		>64		[0, 0, 139]

要展示电视剧受众属性的地域特征，需要将受众属性饼图与地理空间相结合。传统的方法是在地图上直接叠加饼图，这种方法会产生大量的重叠现象，从而引起如图 3-4 所示的视觉杂乱现象。

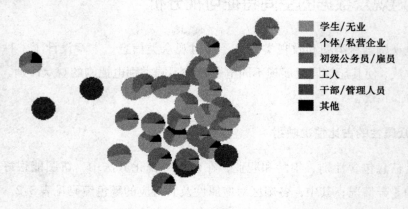

学生/无业
个体/私营企业
初级公务员/雇员
工人
干部/管理人员
其他

图 3-4　基于地理位置直接映射的初始效果图（彩图见插页）

本章通过图元位置重排列，解决饼图重叠问题，方法可描述如下：

首先按照 Y_i 进行升序排列，对纵向存在重叠的饼图进行纵向位置由上至下的偏移，偏移计算方法如式（3-3）所示：

$$\begin{cases} d = |Y_j - Y_i| \\ dy = r - (d - r) = 2r - d \\ Y_j = Y_j + dy, Y_j > Y_i \end{cases} \tag{3-3}$$

式中，Y_j 和 Y_i 为纵向存在重叠的两个饼图中心纵坐标；d 为两个饼图中心的距离；r 为饼图半径；dy 为纵向的偏移值，纵向上将位于下方的饼图向下偏移，即将纵坐标较大的 Y_j 进行偏移。

然后对纵向分出的每行饼图，分别进行两两比较，对横向仍存在重叠的饼图进行横向二次偏移，直至所有地区饼图都不重叠为止。处理后的基于地理位置偏移映射的效果如图 3-5 所示。

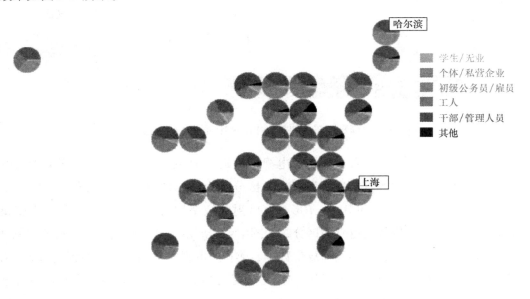

图 3-5　基于地理位置偏移映射的效果图（彩图见插页）

3.6.3　多维观众属性的对比分析

图 3-6 所示为基于地理位置偏移映射方法，以观众年龄占比属性为目标进行可视化的结果；其将不同电视台和电视剧题材的观众属性共同映射至可视化结果中，并在四周叠加条形图分别显示统计量．在通过直方图进行各电视台或各类别电视剧在收视率与播出集数方面的关联分析的同时，可综合对比各电视台、各类别电视剧、各地区

观众的构成，得出在年龄、性别以及职业的分布情况。

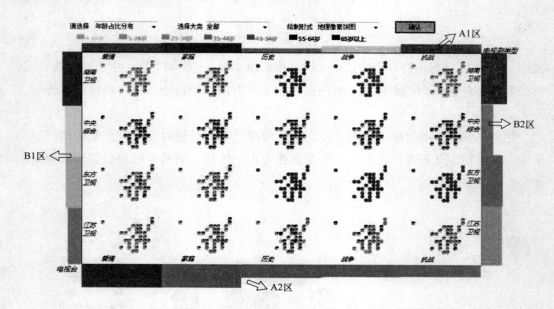

图 3-6　地理矩阵布局的观众年龄占比饼图（彩图见插页）

图 3-6 中，行表示电视台；列表示电视剧类别；A1 和 A2 区分别为不同类别的电视剧收视率和集数属性的直方图；B1 和 B2 区分别为不同电视台的电视剧收视率和集数属性直方图。其中，A1 和 B1 区条形高度映射收视率均值；A2 和 B2 区条形高度映射总播放集数。辅助以颜色更直观区分，如图中色带所示。这里是按照收视率排名前 4 的电视台垂直从上至下排列。按播放集数排名前 6 的电视剧类别水平从左到右排列。C 区为基于地理坐标的观众属性映射区，第 m 行第 n 列对应的地理饼图即为收视率排名第 m 的电视台、收看播放集数排行第 n 名的电视剧类别的观众地域构成，可分别从性别、年龄、职业 3 个尺度进行观众构成分析。

3.7　可视分析与方法对比

本章提出的针对电视剧收视数据的时空特征可视分析方法，从两类分析目标出发，综合展现了各类别电视剧在各电视台播出的时空特征，有利于用户对电视台在电视剧层面上的收视率情况和观众情况进行整体把握。

3.7.1 收视率数据的时序特征分析

根据图 3-2 和图 3-3 选取的综合排名前五的两个电视台收视率的时序特征可视化，分析可得结论：

1）湖南卫视共播出 8 类电视剧，江苏卫视共播出 11 类电视剧。江苏卫视播出的题材更为广泛，且对于同一类型电视剧，如抗战剧，其播放的收视率远大于湖南卫视。

2）针对电视剧播出量分析，湖南卫视播放青春、爱情剧较多，且多以周播剧的形式呈现，收视率排行前三的民国、军旅、家庭剧则以日播剧的形式播放；江苏卫视播放抗战剧、家庭剧较多，且收视率稍高，收视率最高的职场剧播放数量并不多。

3）针对电视剧播出时间分析，湖南卫视除了长条形的像素块，还存在许多较短的像素块，说明其周播剧与日播剧同时存在，且周播剧更为普遍；而江苏卫视仅有日播剧，周播剧仅在暑期档体现较高的收视率，而日播剧的收视率不受时间局限。

4）针对电视剧播出类型分析，湖南卫视播出的各类别电视剧平均收视率不均衡，民国、军旅、家庭、爱情、青春剧收视率较高，民国戏为最高，武侠、抗战、栏目剧收视率较低；而江苏卫视播出的电视剧的各类别平均收视率相对均衡，职场、抗战、悬疑、家庭、警匪剧收视率较高，战争片收视率最低。

5）针对电视剧播出月份分析，湖南卫视收视率总体明显高于江苏卫视，且湖南卫视表现出较高的假期档特点：7、8、9 月暑期收视率呈现高峰。

6）针对电视剧播出时段分析，湖南卫视晚间播出电视剧时间比较分散，播出电视剧收视高峰位于 21：00—21：30；而江苏卫视播出电视剧时段比较集中，大多集中在 19：30—21：00 之间。

3.7.2 收视率数据的地域特征分析

从图 3-6 中可得到的电视台观众构成分析如下：

1）从整体年龄分布横向对比可以看出，中央台的观众高年龄段占比最大（55 岁以上），湖南卫视的观众低年龄段（4～34 岁）占比最大，而江苏卫视、东方卫视观众年龄分布较为均衡。老年人（55 岁以上）最爱观看中央台的电视剧，年轻人（4～34 岁）较喜欢看湖南台播出的电视剧。

2）从整体年龄分布纵向对比可以看出，抗战、战争、革命等题材电视剧可以吸引到较多高年龄层的观众，而爱情、家庭剧则更吸引年轻人。

3）从电视剧类型的收视率对比可得出，历史剧的播放集数为第 3 位，但其收视率却在 6 类题材中排行末位；播放集数最高的爱情剧收视率排行第 2 位。从垂直的左右直方图得出，收视率排行前 3 位的电视台分别为湖南卫视、东方卫视及中央综合频道，对应的播出集数湖南台最高，而中央综合频道最少。东方卫视、江苏卫视的播出集数仅次于湖南卫视。

4）从观众属性的地域特征映射得出，在东方卫视观看革命剧的观众中（见图 3-5），东北地区的工人观看占比较大，而华北中部地区学生观看占比较大，南部地区则公务员/雇员观看占比增加。总体来说，学生/无业群体为观看电视剧的主要群体。

3.7.3 可视化方法对比

本章提出的针对电视剧收视数据的时空特征可视分析方法所包含的两类视图同国内外现有方法的对比讨论见表 3-3 和表 3-4，与现有影视数据分析方法进行对比，本章提出的方法更加直观、全面、易用，且更客观和普遍适用。

表 3-3　本章方法与现有可视分析方法功能对比

国内外现有相关可视化方法	时序性	周期性	总体局部对比	多属性对比	地域间对比	遮挡问题
KnotLines[163] 用音符形状映射随时间变化的电子交易数据	连续	不明显	不能	能	不能	可能存在
Lu[92] 使用地图叠加饼图展示微博话题各地区聚类占比	无	无	不能	能	能	可能存在
iForum[166] 以矩阵布局的饼图展现 MOOC 论坛发帖的时间模式	不连续	不明显	能	能	不能	不存在
Flower chart[167] 以花卉形状映射多属性	不连续	无	不能	能	不能	不存在
Zhang[168] 以折线图表示公共服务问题的多维时间模式分析	连续	明显	不能	不能	不能	可能存在
本章时空特征可视分析方法	连续	明显	能	能	能	不存在

除此之外，针对本章方法邀请了 3 位媒体业界专家进行评价，在针对本章方法的试用评价中，普遍认为本章方法能快速地获取文中所述的分析结论，认为其效果美观，

易于掌握。

表 3-4　本章方法与现有影视数据分析方法性能对比

关于影视数据现有分析方法	客观性	易用性	直观性	普适性	全面性
文献法及专家经验法[169]	较差	较差	差	较差	较差
TVPRIS 企业内部统计分析系统	较好	较好	一般	较好	较好
基于统计学方法结合简单的数据挖掘算法得出结论	较好	较差	较差	较好	一般
本章时空特征可视分析过程	较好	较好	好	较好	较好

通过上述分析可以说明，本章方法具备丰富的分析功能和直观的可视化效果，在性能评估指标方面，具有较好的算法运行效率。

3.8　结论

本章针对电视剧收视数据，由两类主要的分析目标出发，提出了针对该数据集的时空特征可视分析方法，一方面采用热力图结合条形图的方式，展示不同电视剧题材随播出时间变化的收视率时序特征；另一方面采用基于矩阵布局的地理位置偏移映射方法，对电视台的随地域变化的空间特征进行展示，同时解决了地理坐标相邻位置点存在的叠加饼图重叠问题，有利于用户对电视台在电视剧层面上的收视及观众特征进行整体把握和对比分析。用户可通过辅助的排序筛选、标签提示等交互手段，进行多属性、多地区的对比分析并综合结论，最后得出总体特征描述。

对于电视剧收视数据，本章方法针对各类别电视剧的总体进行分析，并没有涉及单部电视剧分析，且针对局部属性的分析较少。本章目前实现了原型系统，在接下来的工作中，会逐步增加辅助视图，达到实用系统的呈现。另外，本章方法在具备时空属性的数据集可视分析上，除电视剧收视数据集外，还可扩展到其他具备时空、多维特性的数据集中进行进一步的实验。

第4章
服务器日志数据的异常监控可视化

针对网络考场中的常规监考手段无法及时发现网络作弊的问题，本章提出了一种针对网络考场监控日志数据流的可视化方法。该方法以网络考场的监控日志数据流作为处理对象，对数据流进行实时可视化，以及时发现考试过程中的异常行为。首先将实时采集到的日志数据，根据日志规则分解为考生、考试机、题目等主要信息；根据考生的首次日志记录信息，建立考生/考试机对应信息表；然后针对每一条接收到的日志，将其主要信息元素与可视化元素进行映射，将整个考场中所有学生的考试状态呈现在同一可视化结果中。一旦有考生存在作弊等异常行为，可视化结果中能够实现明显的提醒，并能对考生进行行为分析。实验结果表明，文中方法能够对日志数据流数据进行实时展示，文中的数据处理方法能够满足实时交互需求。

4.1 引言

近年来随着互联网应用的发现，在教育领域中，基于网络的在线考试与评估系统越来越应用广泛，给教学评估带来巨大的变革。在线考试的优点包括避开人为因素带来的负面影响，减少了物力人力的开销，效率较高[170]。与传统的方式相比较，通过计算机技术和网络技术支持的在线考场，可以动态地管理各种考试信息，按照考试要求，从题库中抽取题目生产各种试卷，考试在计算机上进行答题。尤其是在线考场中的考试评分系统[171]，更是对在线考试系统的一大促进。通过计算机快速阅卷辅助实现高效的考试流程，成为现代考试方式的有力补充。

在在线考场的考试形式中，通过网络技术实现的作弊方式是最为难以防范的。该作弊形式通过交换考生账号信息进行代答或通过网络技术实现。该方式能够通过网络技术手段隐蔽完成，由于作弊考生没有身体动作方面的行为异常，因此通过常规的人工监考基本无法发现异常。即便通过考场中的摄像头进行视频监控，也难以实现准确高效的防范作弊。

对于这种新的作弊形式，必须针对在线考场研制一种作弊行为实时检测方法，能够在作弊行为发生时，尽快采取措施，并能够进行作弊行为举证，以降低作弊行为的发生。随着在线考场应用的增多，对在线考场的作弊防范与作弊举证方法的探讨，成为一个急需解决的问题。

本章针对在线考场中的考生网络操作行为监测问题，提出一种对在线考场日志进行实时分析，并实现针对考场状态进行实时监控与报警的方法。该方法从考场的考试服务器中实时截取考试机操作日志数据，并对日志数据进行即时可视化处理，使考务人员能够从可视化图形中一目了然地了解当前考场状态，以及考生中是否存在潜在作弊行为。该系统的使用结果表明，文中所提出方法能够对日志数据流数据进行实时展示，能够实现有效的考场状态分析与监控，数据处理方法能够满足实时交互需求。

4.2 相关工作

在传统考试形式中，为了防止作弊舞弊等违纪行为，一般通过监考教师对考生身体动作行为进行监控，以防止考生通过传递答案或卷面抄袭的形式进行作弊。

而在在线考试系统中，主要通过两方面降低作弊概率。一是根据题库测试试题数量和考生数量，提供随机测试试题搭配和随机试卷搭配两种方式进行检测。二是在设计中随机出题、选择题随机打乱顺序外，还需要实现防止程序间的切换，以及禁止考生关闭浏览器、禁止刷新当前网页、禁止下载、测试试题复制、鼠标右键屏蔽等等。然而现在各种浏览器中具有"解除网页对右键菜单的限制"、"解除网页对复制粘贴等操作的限制"等各种功能，而且是多标签页显示网页，对全屏也是一个限制。如胡世清[172]利用 Silverlight 技术，通过鼠标与键盘事件处理，实现防作弊行为的在线考试系统。

在线考场中的日志数据是随考试过程实时产生的，因此是一种数据流的形式，对日志数据需要在考试过程中实施可视化处理，才能实现对作弊行为的及时发现和纠正。

针对数据流可视化，朱扬勇[173]总结了序列数据的分类和特点，给出了几种序列数据相似性度量和随机序列之间距离分布的统计信息。刘晓平[174]提出针对数据流信息的可视化方法，用于动态展示非线性系统的变化规律。夏晓忠[175]基于 NetFlow 流技术通过提取园区网边界数据流的地址、端口、协议和流量等特征属性在三维空间中建立流的几何可视化模型，简化了网络流量的显示。

4.3 日志数据流实时可视化方法

本章针对基于日志数据流的考场状态监控与分析问题，设计了一种实时可视化方法，该方法主要包含如下几个步骤：

1）根据所需可视化的日志数据特征，提取日志数据中所包含的主要信息内容。

2）根据考生的首次日志记录信息，建立考生/考试机对应信息表。

在本章所进行的在线考场日志分析过程中，存在两个假设：第一个假设是一般情况下，在一场考试中，一名考生在一台考试机上进行试卷作答，偶尔会发生更换考试机的情况；第二个假设是在考试过程中，考生的第一次登录一般是考生本人的正常登录行为。

因此，基于上述两个假设，根据考生的首次日志记录信息，建立考生/考试机对应信息表。

3）针对日志数据流中每一条数据，将日志中的信息与可视化元素进行对应，形成可视化结果。

4.3.1 在线考场的日志数据实时采集

本章所使用的在线考场日志数据流数据，其获取流程如图 4-1 所示。首先由考试服务器记录考试系统与考试机的考试操作，形成考场日志；然后由可视化监控计算机从服务器上实时采集该日志数据。

4.3.2　日志数据内容提取

在在线考场日志数据中，所包含的主要内容有：考试服务器编号、操作发生时间、考生唯一身份标识、考试机 IP 地址、考试操作类型、所操作试题编号等。

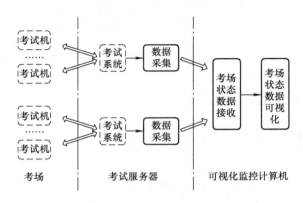

图 4-1　日志数据实时采集流程

提取到的信息，需要进行数据预处理，以便于可视化过程，所需进行的预处理包括：

1）将操作发生时间转换为相对时间。转换方法为：将考试开始时间设置为 0，考试过程中的时间转换方式如式（4-1）所示：

$$RT = (H - H_0) * 60 + (M - M_0) \tag{4-1}$$

式中，RT 为相对时间；H 和 M 是当前考试操作发生时间的小时数与分钟数；H_0 和 M_0 是考试起始时间的小时数与分钟数。

2）考生身份信息、考试机 IP 地址，转换为编码。

3）根据考生相关的首条日志，将考生的编码与其对应的考试机进行绑定。

4.3.3　日志信息与可视化元素对应

本章提出一种状态折线的形式，使用折线形式上的各可视化元素表达日志信息，对应关系见表 4-1。

表 4-1　日志信息与可视化元素映射关系

日志信息	可视化元素
操作开始时间	起始点 x 轴坐标
操作结束时间	结束点 x 轴坐标
考生/考试机信息	y 轴坐标
操作持续时长	对应线段长度
试题信息	线段颜色

4.3.4　可视化元素参数计算

操作开始的时间和结束时间，对应起始点和结束点的横坐标，转换方法如式（4-2）所示：

$$X = RT\frac{W_{\text{WIN}} - 2 * X_{\text{M}}}{T_{\text{M}}} + X_{\text{M}} \tag{4-2}$$

式中，X 为当前交互数据在可视化图形中的映射点的横坐标值；W_{WIN} 为可视化窗口的整体宽度像素数，一般设定 $W_{\text{WIN}} \geqslant 600$ 像素；T_{M} 为所设定的考试时间的总分钟数；X_{M} 为横坐标方向上可视化图形与可视化窗口边缘间的预留空白宽度，X_{M} 的值在 10～50 像素之间。

将考生信息通过式（4-3）转换为当前交互数据在可视化图形中的映射点的纵坐标值：

$$Y = N_{\text{C}} \cdot \text{int}\left(\frac{H_{\text{WIN}} - 2 * Y_{\text{M}}}{\text{NUM}_{\text{C}}}\right) + Y_{\text{M}} \tag{4-3}$$

式中，Y 为当前交互数据在可视化图形中的映射点的纵坐标值；N_{C} 为考生信息日志数据中首次出现的次序号，每个考生在整个考试过程中，其所对应的次序号将保持不变，因此整个考试过程中 Y 值也会保持不变；int（ ）为取整函数；H_{WIN} 为可视化窗口的整体高度像素数，$H_{\text{WIN}} \geqslant 400$ 像素；Y_{M} 为纵坐标方向上可视化图形与可视化窗口边缘间的预留空白高度，Y_{M} 的值在 10～30 像素之间；NUM_{C} 为在线考场中考生总数。

4.3.5　可视化元素着色

根据考场日志数据中的考试操作类型以及试题编号进行排列组合，组合数如式（4-4）所示：

$$C_P^1 + C_Q^1 \times C_T^1 \tag{4-4}$$

式中，下标 P 表示考试题目无关的考试操作类型的总数；下标 Q 表示考试题目相关的考试操作类型总数；下标 T 表示试题的总数。

考试操作类型以及试题编号的每一种组合对应色彩对照表里的一条数据，同时为在色彩对照表里为交互数据中的考试操作类型以及试题编号的每一种组合设置一个 RGB 颜色值。RGB 颜色值，根据 24 颜色轮进行设置，该颜色值设置方法能够有效区分相邻可视化元素。

4.3.6 日志数据可视化结果绘制

根据设定的绘制可视化图形的刷新频率绘制可视化图形。在每次绘制过程中，针对映射点存储库中的每一个映射点队列中的所有映射点，使用折线绘制模式进行绘制。每一个映射点队列中的映射点连接为一条折线，两个映射点之间的连线颜色设置为从前点颜色渐变至后点颜色。

当同一映射点队列中的映射点所绘制出的折线绘制结果为水平，则判断该折线所代表的考试机不存在潜在作弊行为；否则，则判断该折线所代表的考试机存在潜在作弊行为，对该折线的宽度增加至原宽度的 2~3 倍。

4.4　实验结果与分析

根据本章提出的网络考场监控日志数据可视化方法，已经实现了一个可视化原型系统，并用于在线考场日志实时分析，检验可视化方法的有效性。所采用的日志数据对应的考试环境包括 2 台考试服务器以及 400 台考试机，其中每台考试服务器与 200 台考试机连接。

图 4-2 所示为基于本章所提出的方法，实现的考场日志可视化展示效果图，从图中能够直观准确地展示每位学生考试过程中的状态变化。

在该图中，无潜在作弊行为的考生的交互数据映射点，连接后获得的线为一条水平线，水平线宽度为 1 px，水平线中的每一个不同颜色的线段对应一个考试操作的交互数据；线段的不同颜色对应不同操作类型和试题编号。有潜在作弊行为的考生的交互数据映射点，连接后获得的线为一条折线，折线宽度为 2 px，折线中的不同高度的线段对应的是使用不同考生信息的考试操作的交互数据。

图4-3所示为学生异常状态图，考务人员根据可视化图形中的非水平加粗折线快

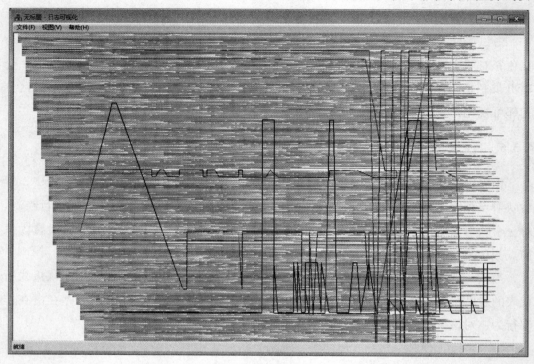

图4-2　考场所有考生日志可视化效果（彩图见插页）

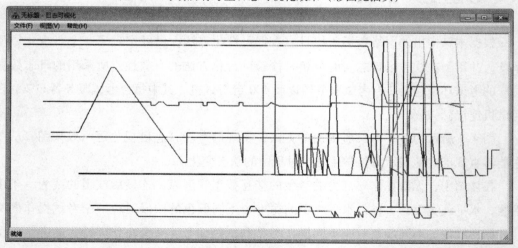

图4-3　存在异常状态的考生日志可视化效果（彩图见插页）

速找到考场中存在潜在作弊行为的考生。根据图中可以发现，多名考生存在潜在作弊行为。我们选取考生编号为 207 的考生所在考试机，进一步分析其考试操作行为。

图 4-4 所示为考生编号为 207 的考生所在考试机的操作分析图，从图中可以分析学生的具体行为。

该考试机的部分具体行为描述如下：

1）在相对时间为 11 时，以考生编号 207 的考生（考生本人）身份信息"登录"考试系统；

2）在相对时间为 26 时，以考生编号 73 的考生身份信息"登录"考试

图 4-4　某个异常行为学生分析图

系统，对 73# 考生的第 1 题和第 2 题进行"查看答案"操作；

3）在相对时间为 44 时，以考生编号 268 的考生身份信息"登录"考试系统，并在相对时间为 44 至 45 时间段内对 268# 考生的第 1、2、3 题进行"查看答案"操作；

4）在相对时间为 46 时，以考生编号 207 的考生身份信息"登录"考试系统；并在相对时间为 46 至 51 时间段内，依次对第 1、2、3 题进行"提交答案"操作；

5）在相对时间为 51 至 58 时间段内，以考生编号 207 的考生身份信息，对第 4、5、6、7 题进行"查看题目"操作；

6）在相对时间为 59 时，以考生编号 268 的考生身份信息"登录"考试系统，并在相对时间为 59 时对 268# 考生的第 4、5 题进行"查看答案"操作；

7）在相对时间为 59 时，以考生编号 207 的考生身份信息"登录"考试系统；并在相对时间为 46 时对第 4 题进行"提交答案"操作；

由上述考试操作可以分析得出，该生存在明显的考试抄袭行为。通过图 4-3 和图 4-4 能够看出本章提出的方法，能够快速便捷的对考场日志数据进行可视化，并能有效的展示学生异常行为等，能够为考务人员监考提供直观、易于理解的可视化效果。

4.5　结论

本章为解决网络考场中网络作弊手段隐蔽不容易发现的问题，基于考场服务器上的日志，实现了一种实时可视化的方法。该方法针对实时采集到的日志文件，分析分

析内容提取日志信息，根据日志记录建立考生/考试机的对应关系；基于每一条日志数据，将其信息内容映射到可视化结果中。该方法能快速及时的发现网络考场中的异常操作行为，对考务人员实现即时报警。

实验结果表明，文中方法能够在考试过程中，实时的展示日志数据流数据，绘制效率能满足实时绘制和交互需求。

第 5 章
空气质量数据的时序可视化

本章针对空气质量数据的分析需求，使用我国 34 个城市（包含 23 个省会城市、4 个直辖市、5 个自治区和 2 个特别行政区），从 2013 年 10 月到 2017 年 6 月份的所有雾霾及气象数据，利用时空数据可视化的方法设计了一个空气质量数据的分析系统，帮助用户全方面、多角度发现雾霾污染源头及与时间、城市等之间的关系，帮助用户直观高效地浏览数据统计结果，无论对时空数据的可视化方法研究还是对空气质量的规律发现、污染源发现都非常具有现实意义。

5.1 引言

随着我国经济、工业等各行各业的快速发展，大气中的污染物浓度急剧增加，范围逐渐扩大，到了 2016 年，空气污染已经笼罩了我国大部分地区，空气污染已经成为我国一个急需解决但很棘手的问题。空气污染不仅威胁人体健康，还威胁工业、农业的发展。为了改善空气质量，相关环保部门和政府部门制定了许多的法律法规。然而，影响某一城市或者一整个地区的空气质量的因素非常复杂，包括人类活动、地理条件、地形状况和气象条件等因素。而且，风向、风速、降水和气温等的季节性变化等自然因素也为空气质量的分析与防治带来了挑战。

对空气质量的研究既可以提高人类的环保意识，又有助于国家和相关部门做出准确的的决策来改善环境，如何有效地分析和研究空气质量是目前一个很严峻的问题。因此，为了对空气环境进行检测、记录，相关部门对各污染城市进行检测。在检测的过程中，每时每分检测都会产生多种多样、丰富的空气质量数据，日益庞大的空气质量数据的数量已经远远超过了一般的数据处理手段所能处理的数量。因此，利用时空数据可视化研究空气质量数据集具有十分重要的现实意义，如何有效、准确地从雾霾数据发现污染源头，成为治理雾霾的关键。

本章的工作主要围绕以下几个分析目标展开：

1）发现空气污染的总体分布：对空气质量地域分布规律进行分析，确定不同空间尺度的空气污染状况。

2）发现空气污染的时间趋势：针对其不同时间的划分对空气质量的时间属性进行展示，会得到不同的周期规律。确定任何时间间隔内的空气污染变化。

3）对空气污染进行相关分析：探讨空气质量的首要污染物，发现污染源头。

4）综合其气象影响、周期影响等因素对空气质量进行简单的预测，甚至根据当天观察的模式预测未来的变化。

5.2　相关工作

空间数据是带有地理位置信息的数据，它所具有的数据属性跟地理区域有关。地理特征可视化方法大致分为点数据可视化、线数据可视化以及区域数据可视化，空间数据往往借助地图来展示，因为利用人们对地图的认知能力可以有效提高数据的可读性并且方便区域间数据的比较。

可视化分析需要对数据充分了解，包括其属性、结构等，所以利用可视化解决实际问题十分具有针对性。利用可视化方法处理高维度数据，挖掘和呈现数据内涵，从不同角度反映空气质量现状及问题，同时在此基础上发现一些数据规律关系，包括空气质量构成分析、探索空气质量的时序性规律及空气质量与时间及地理位置信息之间的关联性。对于空气质量数据的分析有很多不同的可视分析方法，研究人员已经提出了很多不同的方法来研究空气质量的分布与影响，他们将信息可视化和可视分析技术运用到空气质量数据分析中。

Qu 等人[176]设计出了一些新的可视化视图系统用来分析香港特别行政区的空气质量数据；Chad A. Steed 等人[177]对多维属性视图、散点可视化视图等可视化技术进行了研究，对空气质量数据的高维性以及相关性进行可视分析；Li 等人[91]根据雾霾数据和风向、温度等数据设计了一种多视图联动系统分析了我国的空气污染问题；Liao 等人[178]设计并实现了一个基于网络的可视化分析系统分析了北京市的雾霾污染状况，设计了多种可视化视图，如散点图、线性时间可视化视图等，方便用户对空气污染进行分析；Engel 等人[179]分析研究了可视化视图的设计选择和矩阵分解；孙国道等人[180]提出了一种基于城市群的空气质量方法研究。然而，大多数相关的空气质量分析工作只仅仅是可视分析一个单一的城市或空气质量本身，并没有将城市整合在一起进行探索、分析。Landesberge 等人[66]设计了动态分类数据视图去观察人在一天内的位置转换，并将其与地理视图相关联。

5.3　数据获取及说明

空气质量数据集的获取可以有多种渠道，例如从相关部门获取监测数据，或者从环境相关的网站上进行爬取数据。考虑到可行性本课题采用从网站上爬取数据的方式获得数据集，数据来源于天气后报网站（www. tianqihoubao. com）。通过爬取数据表格，共 34 个城市（包含 23 个省会城市、4 个直辖市、5 个自治区和 2 个特别行政区），从 2013 年 10 月到 2017 年 6 月份的所有雾霾及气象数据，包含 AQI（Air Quality Index，空气质量指数）值、PM2.5、PM10、SO_2、NO_2、O_3、CO、风力、风向、温度、天气、时间等维度属性。爬取的数据存储在 Mysql 数据库中，以方便进行拆分、补值等处理，为后续工作做准备。

AQI 是一个用来表征空气质量水平的参考数值。AQI 的取值范围为 0～500。AQI 在划分区间的不同分布代表空气污染状况的不同。AQI 一共分 6 个等级，一级为优，二级为良，三级为轻度污染，四级为中度污染，五级为重度污染，六级为严重污染。而对应的空气污染指数划分区间分别为 0～50、51～100、101～150、151～200、201～300 和 >300 共 6 个区间，针对空气质量划分的 6 个区间，指数越大、级别越高的区间说明空气污染的状态就越严重，对人体的健康危害也就越大，见表 5-1。

表 5-1　空气质量等级分级表

等级	AQI	污染程度
一	0～50	优
二	51～100	良
三	101～150	轻度污染
四	151～200	中度污染
五	201～300	重度污染
六	>300	严重污染

5.4　空气质量数据可视化

5.4.1　空气质量数据的线性可视化

在空气质量属性研究中，充分考虑到了空气污染数据的时序特征，因此考虑采用线性时间可视化和日历图来体现数据的时间特性，帮助分析数据。针对空气质量的时间连续性，设计了时间线性可视化视图，其中横坐标是按月划分，一共31天，对于不满足31天的月份来说，其数据展现部分为空白，而横轴的每一天（即竖线分割区域）又细分为24h，纵轴则是按照时间从2008年到2016年的每一个月份进行排列，每一个小时的AQI值展现为一个个细的条形图映射在图形之上，数值大小映射为颜色和柱形图的高度。颜色越深，污染程度越大；颜色越浅，污染程度越小。柱形图高度越高，污染程度越大；柱形图高度越低，污染程度越小。左侧的柱形图为颜色图例。从图中可以看到，空气污染有着很明显的夜间污染程度高、白天污染程度较低的规律，这和我们所说的反演层有关，夜间由于温度降低导致污染物难以扩散，因此AQI水平会上升，而白天的气象条件如太阳辐射等有利于污染物的扩散，则AQI水平就会相对较低，线性可视化结果如图5-1所示。

5.4.2　空气质量数据的日历可视化

线性时间可视化虽然可以很好地表达数据在时间域中的变化，而空气质量数据具有非常强的时间连续性，线性时间可视化在时间的划分上还是有一定的局限性，因此本研究又设计研究了日历可视化，时间属性可以和人类日历相对应，因此利用日历可视化来表达时间属性是最符合人类对时间的认知，从日历视图上可以观察以年、月、日、时为单位的变化趋势，并发现时间序列中的蕴含信息。日历图针对不同时间的划分，可以按照年、月、天、星期等周期划分、观察数据。

图5-2所示为北京地区近3年的空气污染状况的日历图可视化，它主要用来体现时间点的空气污染情况，整体上纵向可视展示了时间的年分布，从2014年到2016年3年的空气污染状况，对于每一年的可视化，纵向划分为星期一到星期日，横向则按月划

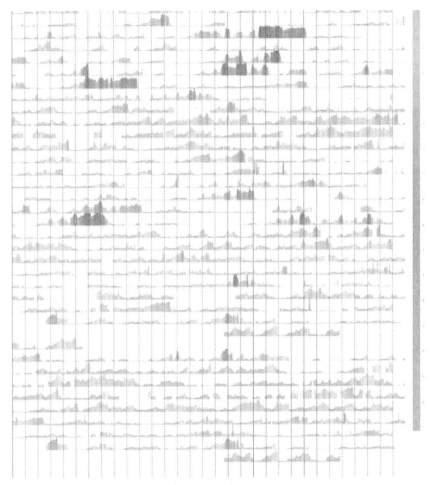

图 5-1　空气质量数据时间线性可视化

分为 1 月到 12 月，可以从不同时间段的划分来观察空气污染状况。且当鼠标悬停在日历图上时，会显示当天的 AQI 具体数值。空气污染值的大小映射为颜色，颜色深代表空气污染严重；颜色浅，代表空气质量良好。

可以看出北京的空气污染状况在逐年好转，而我们都知道中央为治理雾霾下达的大气污染防治计划将京津冀作为大气污染防控的重点区域，设立了严格的 PM2.5 治理目标并加以实施，因此京津冀的空气质量出现好转的趋势。

虽然京津冀空气质量在逐渐好转，但是这种进展并不稳定，一旦扩散气象条件不

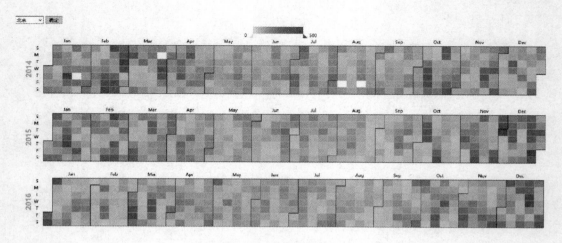

图 5-2　北京地区污染状况

利，雾霾污染程度就会急剧增加，比如图 5-3 所示的 2016 年的 11 月、12 月份石家庄市的空气质量污染状况，从图中可以看出，当时出现极端空气污染天气，且这种天气是持续性的，正是这种持续性的极端污染加重了人们对空气污染的感受，这也是为什么京津冀地区的空气质量在逐年好转，但是人们却感觉雾霾更加严重的原因。

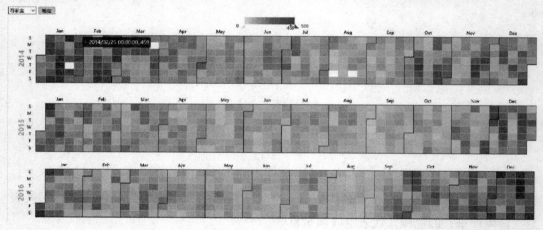

图 5-3　石家庄地区污染状况

在京津冀空气质量逐渐开始改善之时，我国中西部多个城市的空气质量可能有恶化趋势，图 5-4 所示为我国新疆乌鲁木齐市的空气质量变化情况，不难看出乌鲁木齐市的空气质量在逐渐恶化，上述研究表明造成 AQI 值升高的主要元凶是 PM10 与

PM2.5，因此我们推测新疆风沙大，PM10 浓度高，带动 PM2.5 与 AQI 的值升高，同时为了治理雾霾，一些高污染企业转移到中西部发展，这导致了中西部的空气污染日益严重，情况不容乐观，因此国家的治霾政策还有待完善。

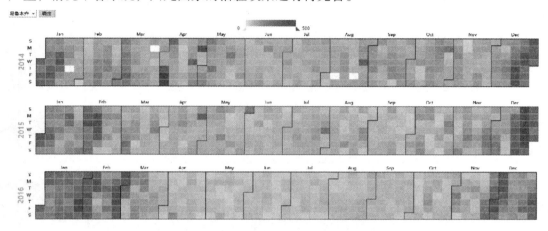

图 5-4   乌鲁木齐地区污染状况

从图 5-5 中可以明显看出空气污染在春冬季节较为严重，基本处于重度污染，而夏秋季节则相对良好。这和冬季供暖以及气象条件有关，大量燃煤及不利于空气扩散的气象条件，造成了冬季污染加剧的现象，呈现了春季、冬季空气污染要比夏季、秋季空气污染严重的规律。另外，我们发现 2016 年整体空气质量相对于 2014 年整体空气质量明显颜色变浅，可以说近几年的雾霾治理有很大的效果，空气质量在逐年好转。

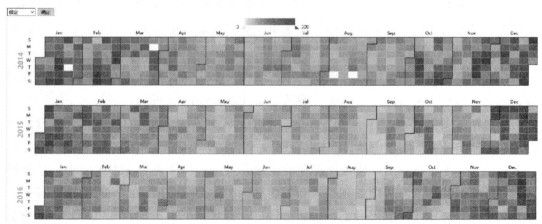

图 5-5   保定地区日历图可视化展示

图 5-6 展示了河北省承德地区的日历图可视化，发现该地区的空气质量良好，全年几乎不见重度污染分布，这是因为那里几乎没有重工业企业，主要发展农林和旅游业，因此空气质量优良，是一个宜居的好城市。

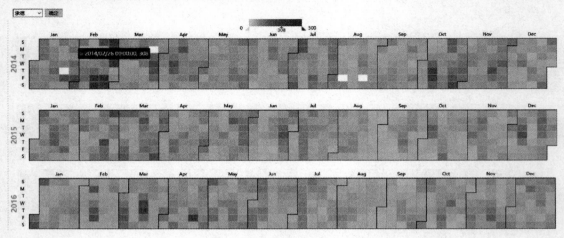

图 5-6　承德地区日历图可视化展示

5.4.3　空气质量的影响因素可视化

在对空气质量数据进行可视分析时，对数据不同属性进行关联分析与探索，可以了解污染物之间的正向或者负向关系，从而发现更多有价值的信息。而空气质量数据是典型的多维数据，因此研究中借助平行坐标来对属性之间的相关性进行探索，图 5-7 和图 5-8 给出的视图是在平行坐标可视化中，空气质量各个属性之间的关联关系的展示结果。

图 5-7 体现了平行坐标对污染物之间的属性关系探索，平行坐标视图中左上方的数据选择区域可以同时选择 3 个感兴趣城市以及感兴趣的时间段观察其在不同时间段内的空气质量变化。如果想只分析某一个城市，则可以点击图下方的城市选择框，可以选择只展示一个或者两个城市，如图 5-8 所示。

从图 5-8 中可以看出，属性间存在的正相关关系：PM2.5 与 PM10 都属于悬浮颗粒，因此 PM10 是包含 PM2.5 的，符合图中显示的两者呈强的线性关系。如图第 2 个轴、第 3 个轴与第 4 个轴之间的折线所展现的并行规律，因此我们可以推测，造成空气污染的主要成分就是 PM2.5 与 PM10 两种污染成分，属性间存在的负相关关系：负相

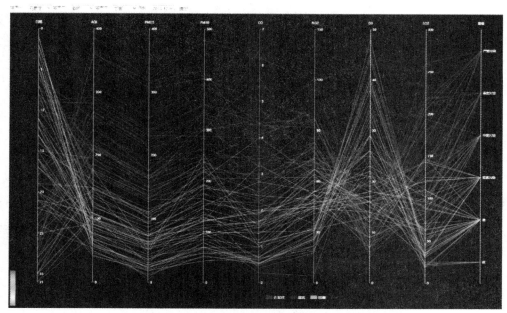

图 5-7　空气质量数据之间的属性关系平行坐标（彩图见插页）

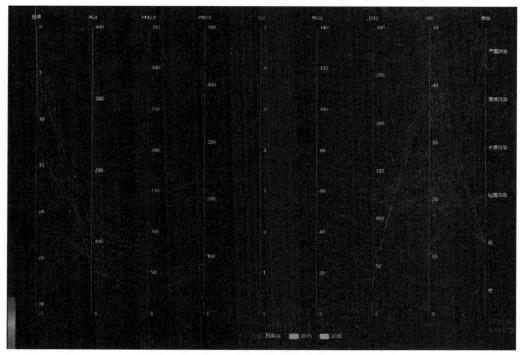

图 5-8　单一城市的空气质量属性关系平行坐标

关关系在平行坐标中会呈现很明显的"X"形分布。图中第 6 个、第 8 个轴与第 7 个轴之间的折线呈很明显的"X"形关系，这说明 SO_2、NO_2 与 O_3 是呈负相关的，呈现的结果与我们所学的化学反应也是完全符合的，强的氧化剂 O_3 与 NO_2 和 SO_2 是成反比的。

5.5 结论

本章利用时变数据可视化针对其不同时间的划分对空气质量的时间属性进行展示，得到不同的周期规律。利用平行坐标图，方便探讨空气质量的首要污染物，发现污染源头；针对目标区域、时间通过交互手段引导用户去从整体到部分对数据进行全面的、细致准确的探索与分析，并根据可视化的结果对空气质量进行一个合理的评估。

第 6 章
多 MRL 判定结果数据的对比可视化

本章针对食品安全领域农药化学物残留检测数据的可视分析需求，提出了一种针对多判定标准的对比可视化方法，用于多维度、多尺度数据的对比可视分析。该方法首先结合多种 MRL（Maximum Residue Limit，最高残留限量）标准对检测数据进行分类统计；然后使用并行环结构可视化中低毒检出类别数据在多种 MRL 标准下各类别数据的判定结论；将多重放射环与地图结合实现地域维度上的数据对比；通过结合信息弹出、细节放大交互手段实现不同空间尺度上的数据对比。实验结果表明，该方法可有效实现农残检测数据的可视化及对比分析，可实现地理位置、农药、农产品维度上的多尺度、多标准对比分析。

注：本章中所使用的农残检测数据内容已进行脱密混淆处理，非真实数据，仅用于阐述数据可视化及其分析过程，请勿直接采信。

6.1 引言

食用农产品中农药化学物残留检测（以下简称农残检测）数据的分析能对农药残留的监控、预警、治理方面提供重要依据。在农残检测数据分析过程中，除需要参照我国 MRL 标准外，也需要比对其他标准，例如某种农产品农药检出量在我国标准下比对结果为未超标，但可能在其他标准下的比对结果为超标，这意味着该检测结果的结论是相对的，需做进一步研究。

农残检测数据与一般的统计数据不同，其具有多分类、多层次、多属性特征。它具有采样点、农产品、农药、农残检测数据四大属性。而采样点、农产品属性下的农产品种类、农药属性下的农药种类又具有层次结构。例如本章数据集的农产品种类分为水果、蔬菜两大类，水果又可以分为瓜果类水果、仁果类水果等 6 类。采样点基于地图上行政区域的划分具有层次结构，因此采样点既有空间属性又有层次属性，所以农药残留检测数据是一类复杂数据。

食品中存在的不安全因素主要分为生物因素和化学因素，其中化学因素便涉及农产品中的农药化学污染残留，简称为农残。国家多部门都对食品中的农药残留进行检测及防范。为规范食品安全检测，2005 年我国发布了《食品中农药最大残留限量》国家标准[⊖]，并已进行多次更新。与此同时，美国、日本、欧盟、中国香港、国际食品法典委员会（Codex Alimentarius Commission，CAC）也同时存在相应的 MRL 标准。在农残检测数据分析过程中，除需要参照我国 MRL 标准外，也需要比对其他标准，例如某种农产品农药检出量在我国标准下比对结果为未超标，但可能在其他标准下的比对结果为超标，这意味着该检测结果的结论是相对的，需做进一步研究。

针对这部分的需求，提出了一种针对多判定标准的对比可视化方法。该方法的设计思想源自于放射环（SunBurst）布局，因为各检出类都对应该类别的检测属性，所以具有上下的承接关系，但区别在于同时又包含并列关系，为了表达数据间的承接关系的同时又形成并列关系的比较，该方法将 sunburst 与统计图形结合形成多判定标准的对比可视化方法。

本章针对农药残留检测数据的分析需求，提出一种能同时表征基于多种 MRL 标准的判定结果的对比可视化方法。该方法是一种多重放射环融合的可视化方法，以一种直观的方式表达多种 MRL 标准下的农残检测数据统计结果，实现多 MRL 标准的对比，并且结合地图隐喻利用地图简单直观的视觉呈现来纵览全国农残标准的对比情况，利用矩阵布局呈现农残检测数据中农产品类别和农药类别的对比分析。

本章所进行的研究依托中国检验检疫科学研究院的高通量农残检测数据，数据包括我国大陆地区 22 个省会城市、4 个直辖市和 4 个自治区（未包含西藏自治区）下的多个超市的检测数据，一个超市对应一个采样点，单个采样点数据属性包括时间、经纬度、农产品、农药、毒性、残留量、6 个 MRL 标准判定编号等 26 个属性。该部分针对农残检测数据主要有两个分析目的：一是快速获知单个采样点中有农药检出情况，以加强管理管控；二是农药残留量超标判定情况以及多标准间的比对。

⊖ 现行标准为 GB 2763—2016《食品安全国家标准　食品中农药最大残留限量》。

6.2 相关工作

农残检测数据具有显著的层次结构，如农产品的分类、农药的分类等，同时农药检出分布在国家不同区域，还需考虑地理数据可视化技术，因此将从两个方面讨论与该可视化系统的相关工作。

农残检测数据具备层次型数据的特征，在层次型数据可视化技术方面，迄今为止已有诸多成果。主要技术分为节点–链接（Node–Link）法和空间填充（Space–Filling）法两大类。空间填充法典型有树图法和径向布局法。径向布局来源于 1993 年 Brian Johnson 提出的 Polar TreeMaps[181]，属于树图向圆环的变种，其方法思想采用嵌套的同心圆模式，将中心圆环代表根节点，半径不同的圆环表示不同的层次，每个圆环根据相应层次上的节点数目及属性划分为多个扇形。这种布局设计比树图更利于表达层次结构，空间利用率比节点–链接好但弱于树图。M. Howell 基于 Polar TreeMaps 思想设计了 Filelight system[182] 文件浏览器。传统的方法不善于体现信息间的交互，InterRing system[183] 采用与 Filelight 类似的可视化方法，但它更强调信息间的交互功能。空间填充的径向布局法虽然更有利于表达层次结构，但当层次规模较大时，叶结点的展示空间不足以至于圆环外围布局效果较差。针对这个问题的解决，Chuah[184] 提出分配更大比例的圆环给分支较多的节点。Andrews K 和 Heidegger H[185] 则采用分屏方式，一半屏幕显示半圆图，另一半屏幕显示放大的叶子节点剖视图，便于查看细节内容。Stasko 和 Zhang[18] 提出 sunburst 布局方法，将数据的全局视图缩小，而放大的细节环绕在全局视图的四周或者放置在可视化视图中心，这种布局方式避免分屏视图导致的注意力分散问题。

在农残检测数据中，地理位置、区域分布等空间属性是极为重要的方面。结合空间数据进行可视化的技术分为点、线、面三个部分。点数据可视化用来描述地理空间离散的点，易于理解数据的分布模式，常见的如百度地图中采用圆点表示某一建筑物的分布，但其数据点较多时会导致大量重叠。Heat Map 采用合适的重建或插值算法可以将数据转换成连续的形式呈现。Keim 提出一种 PixelMap[186] 算法来绘制数据点，通过小范围移动点来改善重叠现象。

另一种改善方式是基于区域的可视化方法，将地图区域划分为块，统计每个区域块的相关数据。Ward 就提出一种 CityScape[187] 方法，将区域块的统计数据采用 3D 柱状图表示。Graser[188] 设计一种基于颜色表示统计数据的六边形区域分割方法。除了简单的划分区域以外，还可以在保持原有地图形状的基础上展示区域块的统计数据，其主要方法为 Choropleth 地图和 Cartogram。Choropleth 地图采用颜色编码来显示数据的大小，但其数据分布和地理区域大小不对称的问题容易产生错觉。Cartogram 则基于 Choropleth 地图存在的问题将区域根据数据属性值适当的放大或缩小，如 Gastner[76] 对 2004 年美国总统大选结果的变形设计，但该方法可能引起变形过度并且表示形式单一。

将地理位置与辅助可视化组件结合的形式可以更好地展示带有位置属性节点的分布特征。Li J，Xiao Z 等人[91] 于 2015 年提出一个烟雾分析系统，结合中国地图与表征时间以及方向的外射圆环来展示烟雾分布情况。Isaac Cho 等人[90] 在 2015 年提出 VAi-Roma 系统，结合地图与节点链接式的放射环分析不同时间、地点下的罗马历史事件。而 Lu Y，Steptoe M 等人[92] 于同年则设计了一种挖掘媒体数据价值信息的可视化分析方法，利用数据特征对应的多个可视化方法，更有效的结合地图展示及挖掘媒体事件带来的价值。

6.3 基于多重放射环的多标准对比可视化

6.3.1 农药检测结果分类判定

农残检测数据根据其农药化学物检出情况，可被分为高剧毒农药检出类、中低毒农药检出类、无农药检出三类情况（当一个样品编码所对应的所有农残检测结果记录中，有农药化学物属于高毒或剧毒农药化学物，即为高剧毒农药化学物检出，简称高剧毒农药检出；否则，当一个样品编码所对应所有农残检测结果记录中所有农药化学物均为中低毒农药化学物，即为中低毒农药化学物检出，简称中低毒农药检出）。其中中低毒农药检出类关系到多 MRL 标准的判定，需要说明的是对于一个样品的农残检出量是一个实验结果值，农药是否为高剧毒是由农药毒性决定的，均与判定标准无关。为了促进我国标准制定的完善性，需将标准判定结果进行分析比较。

需要说明的是对于一个样品的农残检出量是一个实验结果值，农药是否为高剧毒是由农药毒性决定的，均与判定标准无关。

由于各国家/地区的 MRL 标准有所差异，不同的判定标准会造成某种农产品中的某种农药的检出值是否为超标的结果不同，从而造成同一批检测数据，在不同 MRL 标准下超标和未超标样品数不同。因此除需要参照我国 MRL 标准外，也需要比对其他标准，以提高判定全面性。对于农残检测结果数据的分类判定流程如图 6-1 所示。

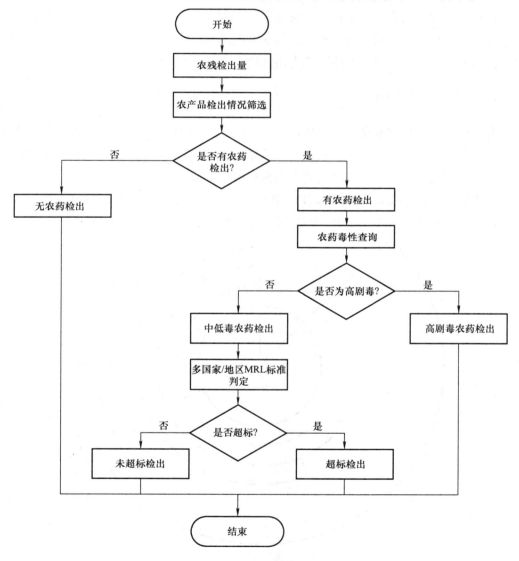

图 6-1　农残检测结果数据的分类判定流程

根据判定流程，农残检测数据共有两大类检出：无农药检出；有农药检出。根据农药毒性又将有农药检出划分为：中低毒农药检出；高剧毒农药检出。而中低毒农药检出类在根据 MRL 标准判定后又分为超标检出类和未超标检出类，同时在不同 MRL 标准下，其判定结果不同。因此除需要参照我国 MRL 标准外，也需要比对其他标准，例如某种农产品检出农药残留量在我国标准下比对结果为未超标，但可能在其他标准下的比对结果为超标，这意味着该检测结果的结论是相对的，需做进一步研究。高剧毒农药检出类因其农药毒性因素决定其为超标检出类，与判定标准无关。

6.3.2 多重放射环的设计

本章针对农残检测数据进行分析，首先针对指定区域的数据，设计一种名为"多重放射环"的可视化方法，多重放射环可视化方法，其设计思想源自于放射环布局，属于一种空间填充方法。本章所使用的方法是利用叠加的圆环来表示同级节点，节点下的属性值根据权值大小映射到圆环内部的扇形区。它将根节点置于中心圆环，以圆环向外辐射的方式逐级表达层次关系，方法示意图如图 6-2 所示。

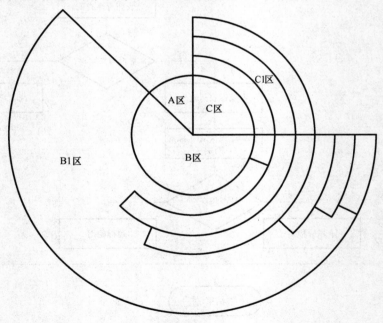

图 6-2　多重放射环方法示意图

该方法基于空间数据可视化与层次数据可视化的方法思想，将饼图与柱状图融入放射环中。它相对于节点-链接法的优势在于能更有效的利用空间，并且比树图要注重层次关系。与以往的设计思想不同在于：

1）根节点设计为饼图以用于区分无检出、中低毒检出、高剧毒检出三大类；

2）外射的同心外环表示同级关系并非层次关系，采用堆叠图的形式表示未超标/超标数据的占比；

3）放射外环与中心饼图为并列关系，也并非层次关系。将放射环与统计图表结合的可视化设计，可以在有限空间内展示多种统计数据，同时利于不同 MRL 标准下的数据比较。

6.3.3　第一重放射环实现过程

多重放射环的第一重环具体实现过程可详述如下：

1. 内径映射与计算

第一重环（图6-2中的 A、B、C 区）中饼图半径称为多重放射环的内径，映射为采样量。所绘制的图形不宜过大也不宜过小，首先将全部采样点的样例数作为一个集合 Num，计算集合最大值 Num. max 和最小值 Num. min，然后根据实际绘制效果，自定义映射区间［min，max］，最后根据式（2-1）将内径映射为数值 radius. in。A、B、C 三区分别代表了无农药检出、中低毒农药检出和高剧毒农药检出。

根据数据集大小，内径映射公式如式（6-1）所示，

$$a = (\max - \min)/(\text{Num. max} - \text{Num. min})$$
$$b = \min - a * \text{Num. min} \tag{6-1}$$
$$\text{radius. in} = a * \text{Num} + b$$

式中，［min，max］为内径的自定义区间，区间大小根据实际效果而定。Num 为各地区样品数，Num. max 为样品数最大值，Num. min 为样品数最小值。根据式（6-1）将各农产品样品数映射为多重放射环内径 radius. in。

2. 角度占比映射与计算

首先将数据集根据农产品中的检出农药情况分为无检出、中低毒农药检出、高剧毒农药检出三类，并依次计算三类的占比，三类农产品的占比映射为图6-2中 A、B、C 区的角度比。需要说明的是：对于一种农产品样例来说，只要存在高剧毒农药检出，即

认为该农产品样例高剧毒检出。

中心饼图区间映射过程为从圆心开始向上的垂直轴作为起始方向，将无农药检出类、中低毒农药检出类、高剧毒农药检出类映射为图 6-2 中的 A、B、C 三区，并依次计算占比。圆心角的计算如式（6-2）所示，

$$\theta_i = \frac{x_i}{x_1 + x_2 + \cdots + x_n} \cdot 2\pi + \theta_{i-1} \tag{6-2}$$

其中 n 为扇形区间数，代表检测量种类数，本章选定其取值范围为 $[1，3]$；x_i 为某一类检测量，逆时针方向分别对应为中低毒检出、高剧毒检出、无检出。θ_i 为起始角度开始到第 i 个区间的结束角度，i 取值范围为 $[1，n]$，起始角度 θ_0 默认为 0。

6.3.4　第二重放射环实现过程

多重放射环的第二重环，即饼图 A、B、C 区外的映射圆环，根据根节点饼图的区间数，各分区饼图外圈圆环的环宽度值映射为三种情况：

1）无农药检出类（图 6-2 中的 A 区）无承接属性，所以对应外圈环宽度为 0。

2）中低毒农药检出类（图 6-2 中的 B 区），按其评估值映射为 B1 区的单层环宽值，该评估值选择为农药残留量的平均值。B1 区的计算如式（6-3）所示：

$$\begin{cases} a = \dfrac{\max/2 - \min/2}{\text{Low. max} - \text{Low. min}} \\ b = \min/2 - a * \text{Low. min} \\ \text{ring. width} = a * \text{Low} + b \\ \text{radius. out} = \text{ring. width} * 6 \end{cases} \tag{6-3}$$

式中，$[\min/2，\max/2]$ 为 B1 区的单层环宽值，其值根据内径映射区间决定，将全部采样点中低毒农药类评估值作为一个集合 Low，Low. max 为集合最大值；ring. width 为 B1 区单个环宽值；radius. out 为多重放射环外径。

3）高剧毒农药检出类（图 6-2 中的 C 区），将外圈圆环的环宽映射为检出频次，根据检出频次所在区间决定 C1 区环宽。映射方法为将 B1 区的外径由内到外划分为 6 个分段，每个分段映射为一个检出频次区间。

6.3.5　多标准 MRL 下的毒性判定结果可视化

为将多种 MRL 检测标准下的超标/未超标判定结果可视化，将中低毒农药检出分

类（图 6-2B1 区）的外径由内到外划分为 6 段，第一分段对应的单层圆环表示中国内地的 MRL 标准下的判定结果；第二分段对应的单层圆环表示欧盟的 MRL 标准下的判定结果；第三分段对应的单层圆环表示日本的 MRL 标准下的判定结果；第四分段对应的单层圆环表示中国香港特别行政区的 MRL 标准下的判定结果；第五分段对应的单层圆环表示美国的 MRL 标准下的判定结果；第六分段对应的单层圆环表示 CAC（Codex Alimentarius Commission，国际食品法典委员会）的 MRL 标准下的判定结果。判定结果中未超标/超标占比将对应圆环逆时针分割。分割计算如式（6-4）所示：

$$\phi_j = \frac{y_j}{y_1 + y_2 + \cdots + y_m} \cdot (\theta_i - \theta_{i-1}) + \phi_{j-1} \tag{6-4}$$

式中，m 为分割区间数，只有超标与未超标两种情况，因此范围为 $[1, 2]$；y_j 代表第 j 个分割区间的样例数，取值范围为 $[1, m]$；ϕ_j 为起始角度到第 j 个分割区间的结束角度；$\theta_i - \theta_{i-1}$ 为中心饼图中第 i 个扇区的圆心角。

6.3.6 各区域着色方法

将饼图的无检出类、中低毒农药检出类、高剧毒农药检出类分别对应绿色、蓝色、红色，第二重环采取 24 颜色环的着色方式，同一圆环采用同一色系，在同一圆环中，为增强可读性，超标部分使用深色着色，未超标部分不着色。

第一层放射环针对无检出、中低毒农药检出、高剧毒农药检出三类情况，依次着色为蓝色、红色、绿色。

第二层放射环中，高剧毒检出区域（图 6-2 中的 C1 区），通过评估值映射颜色编码如图 6-3 所示，共分为 8 个区间，8 个区间的颜色依次映射为 [255，193，37]、[255，127，0]、[255，69，0]、[238，64，0]、[238，0，0]、[205，0，0]、[139，0，0]、[139，35，35]。

依据判定结果可以将图 6-2 中的 B1 区分为 12 个圆环部分，使用不同颜色进行着色。此处颜色设定采取 24 颜色环的着色方式，同一圆环采用同一色系，在同一圆环中，超标部分使用深色着色，未超标部分使用浅色着色。

6.3.7 多重放射环的实例展示

多重放射环可视化中，可视内容根据定义的数据集主要分为两个部分：

1）农产品中的农药检测量：中低毒检出量、高剧毒检出量、未检出量；

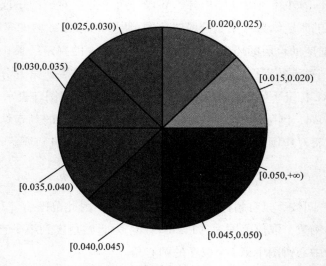

图 6-3　高剧毒评估值映射颜色表（彩图见插页）

2）标准比对的结果：多国家/地区、多标准下的未超标检出量和超标检出量。

本章基于 R 语言绘制多重放射环，采用 plotrix 包中的 floating. pie（）函数，它既具有位置属性，又可以解决该方法涉及的多圆环图即多个饼图的叠加问题。该函数格式为

floating. pie（xpos，ypos，x，radius，col，startpos），参数说明如下：

1）xpos、ypos 为一对坐标点。

2）x 为一串向量值，映射为饼图中的各个扇形区域。

3）radius 指定多重放射环内径及外径大小，本章需将内径映射为样品数，外径映射为中低毒农药检出量的评估值。根据式（6-1）将各农产品样品数映射为多重放射环内径 radius. in。根据式（6-3）将中低毒农药检出量评估值映射为多重放射环外径 radius. out。

4）col 编码各扇形区的颜色，本章中用蓝色代表中低毒检出量，红色表示高剧毒检出量，绿色表示未检出量，而中低毒检出量根据各国家/地区标准对应的两种检出情况映射为不同的颜色，本章采用黄色、蓝色、绿色、橘色、粉色、紫色分别表示中国内地、中国香港特别行政区、欧盟、日本、美国、CAC 六个判定标准，并且用同色系中的浅色系表示未超标检出，深色系表示超标检出。

5）startpos 为饼图绘制起始点，本章中该参数值为 90，由 y 轴方向逆时针进行绘

制。利用 floating. pie（）函数绘制圆环相互叠加，根据各自对应的权值指定向量 x，再指定颜色映射参数 col。

图 6-4 所示为本章提出的多重放射环可视化方法的一个样例。

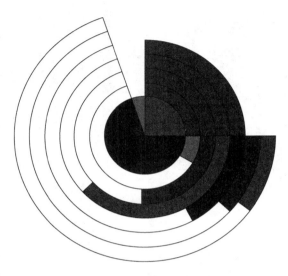

图 6-4　多重放射环实例效果图（彩图见插页）

6.4　可视化结果分析与方法应用

6.4.1　可视化结果分析

本章提出的多重放射环可视化方法，基于 R 语言实现，同时结合地图组件完成。本章提出的方法主要解决三类问题：首先是农残数据在不同 MRL 标准下的对比情况，本章一共涉及 6 种 MRL 标准；二是各区域主要城市农药残留检出的对比情况；三是检测结果中不同农产品/农药类别的检出对比情况。实验结果表明，本方法能快速生成一个可视化效果，帮助食品安全领域专家对全国主要城市的农残数据做一个快速的了解，根据可视结果重点关注超标严重或者高剧毒农药所含比重较大的地区、农产品、农药，以便制定相关对策。

图 6-5 所示为基于分类统计的农残检测数据可视分析系统的界面。

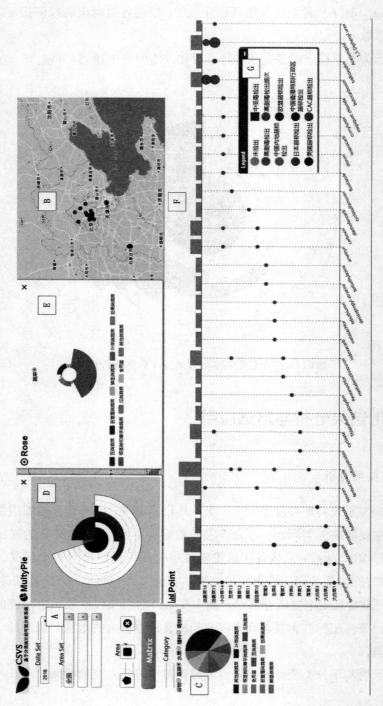

图 6-5　基于分类统计的农残检测数据可视分析系统界面（彩图见插页）

图 6-5 中 A 区为数据筛选区；B 区为地图层，展示地理位置信息；C 区为饼图，展示基于单采样点的采样农产品分类样例数占比；D 区为多重放射环视图；E 区为放射环图，展示通过与 D 区交互后的采样农产品分类样例数占比；F 区为基于单采样点选择后交互生成的农产品/农药检出分布散点图，展示农药类检出信息；H 区为图例。

1）A 区：数据筛选包括时间筛选、地区筛选、点筛选。本章中所涉及的农残检测数据集包含 2012—2016 年 5 个批次的采样数据，每年都将对不同地区的各大超市进行采样，所含数据集可能存在某个地区无某年份采样，或无某农产品的采样。而有的年份采样较多，有的年份采样较少。针对地区的筛选，系统提供从全国到各城市再到具体市县的选择，方便用户快速指定感兴趣区域。点筛选提供对地图层采样点的圈选，可在地图层绘制多边形或矩形选择点数据，通过点筛选可实现多采样点农残污染评估对比。

2）B 区：地图层是为了辅助地理位置信息的展示，结合人类的认知习惯，方便用户使用。地图层通过 Arcgis 提供地图底图，并且通过 leaflet 插件提供 API 实现点数据的交互及功能控制。功能控制按钮帮助视图的协同展示，有效利用空间。

3）C 区：饼图是该系统的辅助视图。当用户与地图层点数据交互时，系统将会过滤出该位置点的农残检测数据集，通过选择 C 区某一农作物类别，将显示该类别下采样农产品分类样例数占比，从而辅助用户了解基于农产品分类的采样情况。当数据集无某一农作物采样时，将提示用户无对应农产品类采样；当用户未与地图层点数据交互时，将提示用户先选择感兴趣的采样点。

4）D 区：主要展示了三大检出类，以及各检出类对应的属性值及多 MRL 标准对比。通过与中心饼图 A、B、C 区进行交互，系统将过滤出各检出类对应的农残检测数据集。

5）E 区：该部分同 C 区，是系统的辅助视图，也是 D 区交互的结果。显示某检出类下采样的农作物类别，通过选择某一类别，用放射环图展示该类别下各类农产品采样样例数占比。

6）F 区：其中坐标轴横轴方向表示某一检出类别下检出农药名，坐标轴纵轴方向表示某一检出类别下采样的农产品名，轴上气泡表示该位置点对应农产品有该位置点对应农药的检出，通过气泡半径映射农药残留值。叠加在气泡图上方的直方图表示对应气泡图横轴农药的检出频次。

7）H区：多重放射环图例，标识多重放射环与多重放射环矩阵视图中高剧毒农药平均检出含量的颜色。

6.4.2 交互分析

数据可视化系统处理视觉呈现部分，另一个核心要素是用户交互。无法互动的可视化结果，虽然在一定程度上能帮助用户理解数据，但其效果有一定的局限性。特别是当数据尺寸大、结构复杂时，有限的可视化空间大大地限制了可视化的有效性。用户的交互操作，帮助用户改进自身对于数据建立的心智模型。交互可缓解有限的可视化空间和数据过载之间的矛盾，还能让用户更好地参与对数据的理解和分析。

该部分主要用于多采样点的数据对比及农残污染评估。多重放射环展示的5类属性具有五种评价意义，见表6-1。

表6-1 多重放射环展的评价属性表

序号	评价属性	评价意义
1	采样量	观察地区间采样样本数的差异性
2	未检出量	评价基于单采样点的农药检出情况
	中低毒农药检出量	
	高剧毒农药检出量	
3	高剧毒农药检出频次/高剧毒农药样例数	评价基于单采样点的农产品中高剧毒农药的检出次数，比值越大，代表一种高剧毒农药有多次检出
4	中国内地 MRL 标准下超标检出量	评价多 MRL 标准下农药超标情况，对比标准间差异，逐步完善我国农残标准
	中国香港特别行政区 MRL 标准下超标检出量	
	欧盟 MRL 标准下超标检出量	
	日本 MRL 标准下超标检出量	
	美国 MRL 标准下超标检出量	
	CAC MRL 标准下超标检出量	
5	中低毒农药平均检出含量	评价单采样点农产品中农药残留程度
	高剧毒农药平均检出含量	

本案例通过 A 区筛选出 2016 年全国农残检测数据集，对多采样点的农残污染评估主要通过综合 5 类评价属性的评价意义，并通过对比分析判断各采样点的农残污染程度。针对该数据集的分析结果如下：

通过 B 区地图层采样点的分布情况来看，2016 年全国范围内采样较少，只有广东省、北京市、天津市、河北省有采样。

选择广东省某一采样点，发现 D 区高剧毒检出样例数大约占据总样例数的 25%，中低毒检出样例数偏多，只有较少的农产品样例未检出农药。通过多标准比对发现欧盟、日本的超标检出样例数占比要较其他标准多很多，中国甚至无样例检出超标，可见我国标准急需完善。

通过 C 区饼图发现该采样点蔬菜类有 9 种采样，其中叶菜类蔬菜占比较大，其他相对均衡。

通过点击 D 区中低毒农药检出类发现 E 区只有蔬菜类有中低毒农药检出，而蔬菜类中有 9 种含有中低毒农药检出，其中叶菜类蔬菜检出占比较大，其他相对均衡。

通过点击玫瑰图叶菜类蔬菜扇区，可从 F 区中看到有 16 种农产品采样，30 种农药检出，其中 14 号样例小白菜有 8 种农药检出，7 号样例生菜、15 号样例油麦菜其次，其他相对均衡。从检出残留值来看，油麦菜检出残留值较大，其他相对均衡。从检出频次看，农药 fenbuconazole 检出较多，共有四种农产品有该农药检出，imazaquin、isouron 其次，剩下相对均衡。

用户通过 F 区刷选多个采样点，系统会展示多采样点对应的多重放射环矩阵视图，效果图如图 6-6 所示。此处多重放射环为有对比展示，需加上采样量、中低毒农药平均检出含量、高剧毒农药平均检出含量。

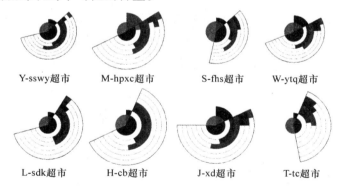

Y-sswy超市   M-hpxc超市   S-fhs超市   W-ytq超市

L-sdk超市   H-cb超市   J-xd超市   T-tc超市

图 6-6　多重放射环矩阵视图（彩图见插页）

通过图 6-6 可见，本案例共选 8 个采样点。从多重放射环半径代表的采样量看，H – cb 超市和 S – fhs 超市相对其它超市更多；从多重放射环外径代表的中低毒农药平均残留量看，Y－sswy 超市、S－fhs 超市、W－ytq 超市较少；从饼图部分看各检出类样例数占比，发现大部分超市农产品都有农药残留，其中 S－fhs 超市和 T－tc 超市无农药检出样例数占比较其他超市要多，T－tc 超市、L－sdk 超市、H－cb 超市的高剧毒农药检出样例数占比相对较少。从不同 MRL 标准超标情况来看，欧盟、日本的标准下均有超标农药检出，且超标检出样例数占比均较大，而 M－hpxc 超市、W－ytq 超市、L－sdk 超市的样品在大部分 MRL 标准下均有超标。从高剧毒农药平均检出含量值来看，M－hpxq 超市检出含量较少，从高剧毒农药检出频次来看，大体一致。

6.5　结论

　　本章针对农残检测数据集，利用层次数据可视化方法和地理数据可视化方法，实现了基于单采样点的数据分类统计，并根据数据分层结构，针对不同的数据特征，呈现数据的层次关系、时间趋势、分类对比，提出了针对多判定标准的对比可视化方法，实现了基本农残检测信息的对比分析可视化以及多个 MRL 标准下的判定结果比较。该方法可以将多属性的农残检测数据的基本信息显示在一个可视化界面，有利于快速浏览，并且根据各项检测指标来针对问题区域，以便给出有效措施。通过全局概览模式分析区域间的差异性，以及基于各项指标分析产生差异的原因，通过效仿情况较好地区采用的措施来有效改善检出较多的地区。

　　本章提出的全局概览的多重放射环可视化方法，可针对农残检测数据引导用户从整体到部分对数据进行全面、深入的分析，并根据可视结果评估农残污染程度。通过简单直观的方式能发现数据的潜在价值，能够对食品安全监管监控给出决策支持。

第7章
农残检测数据的时序对比可视化

　　针对农残检测数据多统计量的对比展示及安全风险评估需求，本章提出了一种针对农残数据的时序分组可视化方法。基于数据表征意义对数据进行结构分层分组，采用随时间变化的多类堆叠统计图，将多维数据对象分组布局在二维平面空间中。借鉴散点图和气泡图可视化农产品分类属性；借鉴堆积条形图可视化时序采样属性组数据；借鉴堆叠放射环图实现对农药检测结果属性组的多属性对比及时间变化。实验结果与食品安全领域专家评价结果显示，所提出的方法能够在可视化结果中一次性表现多种统计量数据，并能实现时间维度上的数据对比。

　　注：本章中所使用的农残检测数据内容已进行脱密混淆处理，并非真实数据，仅用于阐述数据可视化及其分析过程，请勿直接采信。

7.1　引言

　　通过从整体到局部的挖掘过程，能更进一步分析污染缘由和影响因素。例如，可能存在芹菜中农药残留量大，甲胺磷检出频次较多。同时数据库每年都有不同批次的数据上传，随着时间的变迁，影响因素可能发生变化。针对以上分析目的，本章提出了一种针对农残检测数据的时序分组可视化方法。该方法主要有四个分析目标：

1）指定区域各分类下农产品样例检出分布。

2）随采样时间变化的样例检出属性值展示。

3）类中及类间的数据对比。

4）安全风险等级评估指标。

本章应用的农残检测数据除去层次、地理属性，还具有时间属性，数据集包括从2012 年到 2016 年（除去 2015 年）的 4 个批次。从时间趋势上看，可能每一年的农药使用情况不同，随着部分农药的禁用、新农药的投入使用、农药成分的变化、政策的更改等因素，导致了检测结果不同。而这些因素的变化可能改善农残污染程度也可能恶化，为了分析这种趋势上的变化，提出了一种针对农残检测数据的时序分组可视化方法。该方法首先借鉴多维数据可视化技术中的散点图表示二维属性，通过 x 与 y 变量之间的所属关系实现农产品分类。将 x 与 y 变量确定二维平面上的位置点来展示更多维属性。每个位置点对应一个多属性分组的图形编码可视化图形，图形设计为随时间轴排列的堆叠统计图。

本章通过坐标轴映射和图形编码设计了一种针对农残数据的时序分组可视化方法，以实现农产品分类以及随时间排列的多属性映射。首先将数据依据层次架构分层布局，然后通过二维坐标中 x 与 y 变量之间的所属关系实现农产品分类，将位置点 (x, y) 对应一个多属性分组的图形编码可视化组件，图形组件设计为随时间轴排列的堆叠统计图。该方法突破了以往的层次结构递归式设计，将层次结构进行分层布局，依据各层数据表现的数据特征采用合适的布局方法。这种设计保留了传统统计图形简单直观的理解方式，并且实现了随时间趋势的数据对比，除此之外维持了数据的层次结构。

该方法创新性有以下三点：

1）采用多维可视化技术中的散点图，将二维变量映射为非连续值，以坐标所属关系实现农产品分类，同时二维变量确定的位置点又可映射多维属性。

2）基于散点图，利用有限的空间满足图形编码设计，较复杂的图形编码导致可读性降低，因此采用易于理解，可读性高的传统统计图形，且利于比较。

3）借鉴 ThemeRiver 的设计思想，采用堆叠的统计图形显示多个时间序列的数据对比。

该可视化布局基本实现了以下 4 个内容：

1）依据分类的农产品检测结果在二维平面的分布展示。

2）农产品类间及类中的数据对比分析。

3）随时间趋势的数据对比。

4）多类统计量展示及安全评估。

7.2 相关工作

　　层次结构是数据结构中较为重要的一种，不仅具有单层次结构还具有多层次结构，农残检测数据就具有多层次结构。相应的，层次数据可视化技术也从单层次可视化技术发展到多层次可视化技术。当层次数据带有时间标签时，不论是节点－链接法还是空间填充法都不能按时间合理地布局数据列。

　　以时间轴布局的方法是将时间数据作为二维的线图展示，x 轴表示时间，y 轴表示其他变量。其中单轴序列图有利于表示数据在线性时间域中的变化，径向布局则有利于表达数据的周期性变化[162]。

　　对应轴布局方法，Plaisant C 等人[190]于 1999 年提出一种 Lifeline 可视化系统，使用多个条形图线程表现事件的不同属性随时间变化的过程。Havre S 等人[162]于 2010 年提出堆叠的语义流方法，这种布局采用线性的时间轴，但可以显示多个时间序列数据的对比。Xie 等人[163]于 2014 提出一种 KnotLines 可视化，采用音符设计展示随时间变化的电子交易数据。ALBO Y 等人[167]于 2016 年提出随时间排列的 Flowercharts，通过花瓣表示多维属性。Bach B 等人[119]于 2015 年提出基于线表示的可视化方法，通过线串联节点展示事件的时间变化。但以上方法只能表现属性随时间的变化过程，不能实现保留层次划分的随时间变化的多类属性值的对比展示。

7.3 数据分析需求

　　农残检测数据是一种多维、层次、时序数据。农残检测数据具有多类统计量，每个统计量都是评判农残检测结果的重要评估属性值。本章旨在设计一种可视化方法可以同时满足多层次、多分类结构下的属性值展示，并融入时间属性，从时间趋势上展示数据列，使属性间具有可比性。

　　本章研究在实现农产品的简单分类的同时，根据数据分层结构实现时间排列的多统计量的布局展示及对比分析。对此，本章提出了一种针对农残数据的时序分组可视化方法，该方法突破以往的层次结构递归式设计，将层次结构进行分层布局，依据各层数据表现的数据特征采用合适的布局方法。这种设计保留了传统统计图形简单直观的理解方式，并且实现了随时间趋势的数据对比，除此之外维持了数据的层次结构。

本章提出一种针对农残数据的混合布局的时序分组可视化方法。将农残检测数据根据用户关注度以及评估值，选定 n 个属性值进行可视化。其中用户关注度表示针对农残检测数据，指定区域下的某种农产品的检出情况；而检出情况则根据多项评估值进行定量评估。

本章方法主要可视化以下内容：

1）指定区域各分类下农产品样本检出分布。

2）随采样时间变化的样例检出属性值展示。

3）类中及类间的数据对比。

4）安全风险等级评估指标。

本章设计目标主要为两点：

1）有限空间内多属性值展示。

2）类中及类间的数据对比。

根据数据处理结果及分析需求，本章将从数据集中抽取 9 个属性进行数据可视化。本章可视化方法中表现的数据属性说明见表 7-1 所示。

表 7-1　本章可视化方法中表现的数据属性表

属性值	属性说明
P1	农产品所属分类
P2	农产品项目名称
P3	各农产品项所有时间段的采样样本数
P4	各农产品项不同时间段的采样样本数
P5	各农产品项所有时间段的安全检出类样本数与 P3 的比值
P6	各农产品项不同时间段的安全检出类样本数与 P4 的比值
P7	各农产品项不同时间段的超标检出类样本数与 P4 的比值
P8	各农产品项不同时间段的高剧毒检出类样本数与 P4 的比值
P9	各农产品项不同时间段的各农药类检出样本数

7.4　可视分层结构

本章选定以上 9 个属性值进行可视分析，9 个属性值可划分为 4 个属性组，分别为

1）农产品分类属性组，包含农产品分类、农产品项，即属性 P1，P2。

2）农产品样例属性组，包含具体采样的农产品样本数，即属性 P3。

3）农产品采样属性组，包含农产品采样时间段、各时间段内的采样数，即属性 P4。

4）农产品中农药检测结果属性组，包含可用来进行定性评估的各类农药检测属性值、农药分类、各类样本比值等，即属性 P5，P6，P7，P8，P9。

其中，第 1 组属性为农产品固有属性，第 2、3、4 组属性为农残检测过程中的变化属性。以上四个属性组间的结构关系可采用树结构来展示，如图 7-1 所示。

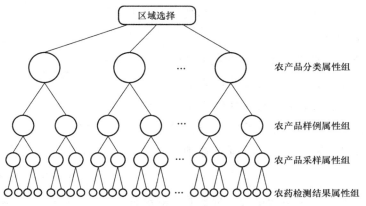

图 7-1　农残检测数据可视分层结构

以上四个属性组间的结构关系属于层次关系：第 1 层为指定区域下采样的农产品类目和具体的采样农产品项，例如水果类采样类目有柑橘类水果、仁果类水果等，其中柑橘类水果类目下有橙子、橘子等农产品项；第 2 层农产品样例属性组为各农产品项的采样样本数；第 3 层农产品采样属性组，对于每一个农产品项都会有不同时间段的采样，同一时间段采样的划分为一个采样时间组；最后针对一个采样时间组内的农产品项，统计农产品中农药检测结果属性组内各项属性值并进行元素编码映射，一个农药检测结果属性组中共七种可选属性值。

7.5　农残检测数据可视分层布局

本章根据属性组划分的可视分层结构，将四层属性组分为两个部分进行布局设计，第 1 层分组对应分类属性区可视化布局；第 2、3、4 层对应统计类属性可视化布局，并逐层可视化各属性组。

7.5.1 分类属性区可视化布局

针对第一层农产品分类属性组，借鉴二维散点图的设计思想，将第一层的两个维度属性值集合分别映射至 y 轴和 x 轴。通过变量 y 和变量 x 之间的包含关系以及两个变量确定的位置点来实现农产品分类及分类属性的展示。其布局示意图如图 7-2 所示。

图中 y 轴表示农产品分类组，即农产品类目，x 轴表示农产品样例组，即农产品类目下的各农产品项。

在布局过程中，通过变量 x 和变量 y 之间的包含关系以及两个变量确定的位置点来表达数据间的层次关系。纵横轴属性值可根据自定义排序，例如用户可能对自己喜欢的水果关注度高，则选择其排序在前列位置。

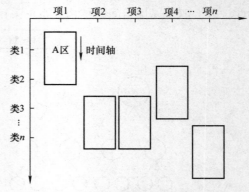

图 7-2　分类属性区可视化布局

其中变量 x 和变量 y 所确定的二维平面中的位置点为一个属性块。属性块的位置用 position (x_i, y_i) 表示，其中 x_i 表示农产品项，y_i 表示农产品类目，x_i 和 y_i 之间的关系为 x_i 属于 y_i。全部位置点可以用数据集 $\{(x_1, y_1), (x_2, y_2), \cdots, (x_n, y_n)\}$ 表示，n 为农产品项数。其中每个属性块具有随同纵轴方向一致的时间走势。

坐标系中 y 轴表示属性 P1，轴方向为 y 轴负方向，x 轴表示属性 P2，轴方向为 x 轴正方向。其中变量 y 和变量 x 所确定的二维平面中的位置点为一个属性块，即图 7-2 中的 A 区。A 区位置用 position (x_i, y_i) 表示，其中 x_i 表示农产品项，y_i 表示农产品类目，x_i 和 y_i 之间的关系为 x_i 属于 y_i。则全部位置点可以用数据集 $\{(x_1, y_1), (x_2, y_2), \cdots, (x_n, y_n)\}$ 表示，n 为农产品项数。其中每个属性块具有随同纵轴方向一致的时间走势。

7.5.2 统计类属性可视化布局

在根据第 1 层农产品分类属性组，为每个农产品项确定属性块 A 的位置后，针对第 2、3、4 层属性组，对属性块 A 进行图形编码设计。统计类属性可视化布局是基于 x 轴和 y 轴确定的位置块。该布局包含除 P1、P2 外的 7 个属性。

与第 2、3、4 层对应，共有 P3 ~ P9 共 7 个属性值，这 7 个属性值均为统计量，对统计量的直观表达以及数据间的对比，采用点、线、面等不同角度映射多个统计量。本章将属性块 A 根据属性表分为 3 个属性值映射分块，依据各层结构中数据所表现的数据特征，图形编码设计的方法原理图如图 7-3 所示。

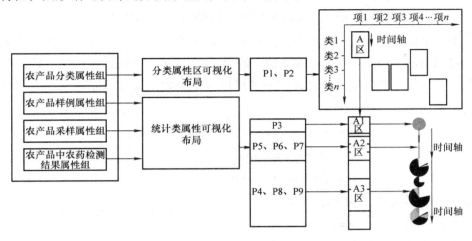

图 7-3　针对第 2、3、4 属性分组可视化方法原理图

具体描述如下：

1）按纵轴方向依次划分为 A1 区、A2 区、A3 区，将属性 P3 映射到 A1 区，将 P5、P6、P7 映射到 A2 区，将属性 P4、P8、P9 映射到 A3 区。

2）属性 P4、P6、P7、P8、P9 具有时间特性，将 A2 和 A3 根据时间段进一步划分为更小的分块，即时间子分块，一个时间段代表一个时间子分块。时间域依据轴方向进行划分，可用集合 $\{t_1, t_2, \cdots, t_n\}$ 表示，其中 n 为采样时间段数，则 A2 和 A3 的时间子分块可分别用集合 $\{t_1 - A2, t_2 - A2, \cdots, t_n - A2\}$、$\{t_1 - A3, t_2 - A3, \cdots, t_n - A3\}$ 表示，并将各分区对应属性值分别映射到各时间子分块中。

3）各分区的属性映射选择三类统计图形。A1、A2、A3 区分别借鉴气泡图、堆积条形图以及多玫瑰图进行设计。

7.6　农产品采样总量可视化

A1 区映射属性 P3。通过观察 P3，可对指定区域的所有农产品项的抽样样本数做一个大概了解。抽样样本数的大小会影响判定结果的准确度，对于抽样样本数差异较大的农产品项之间会使评估结果存在误差，如果分析出两者污染情况都属于安全等级，则可能抽样样本数较大者更有说服力。对此，相关人员需合理选取抽样样本数，对采样样本数较小者应考虑加大采样量。

A1 区只有单一属性映射，只需观察其属性值大小，所以本章设计结合分类属性区，借鉴气泡图设计方法来直观表达属性 P3。除去农产品项以及农产品类目二维属性值，通过散点的大小来表达第三维变量的数值。将 P3 映射为散点半径，此处散点无颜色编码，采用统一颜色值，并且其在分类属性区中映射位置点与原始位置点一致，半径映射公式为

$$a = (\max - \min) / (p3.\max - p3.\min)$$
$$b = \min - a \cdot p3.\min$$
$$radius.i = a \cdot p3.i + b$$

(7-1)

首先，根据绘图区域大小定义一个合适的半径区间 [min，max]。n 个农产品项的 P3 属性值集合为 $\{p3.1, p3.2, \cdots, p3.n\}$，其中 $p3.\max$ 为集合最大值，$p3.\min$ 为集合最小值，$p3.i$ 为第 i 个农产品项的 P3 属性值，$radius.i$ 为第 i 个农产品项的半径映射值。布局示意图如图 7-4 所示。

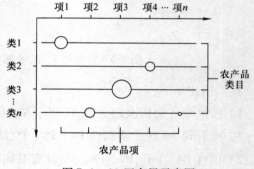

图 7-4　A1 区布局示意图

7.7　农产品采样时间分布可视化

A2 区映射属性 P5、P6、P7。对于一个农产品项可能有多个年份都有其采样，因此样本检测结果会在时间上有一个变化趋势。但采样年份不是连续的，存在某一年份对于指定区域并无采样，或者对于指定区域某一农产品项无采样。

对于时变数据的可视化布局，大体分为两种：

1）按时间轴布局。

2）动态变化布局。

与分类属性轴对应，属性块的时序特征通过引入时间轴来展示。轴上的时间刻度代表一个采样时间组，即采样年份。

确定起始位置后，A2 区选择堆积条形图进行布局。其示意图如图 7-5 所示。

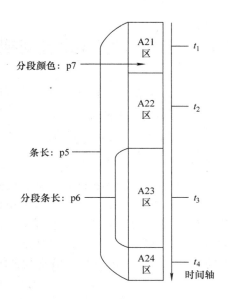

首先确定条形图的长度及在轴平面中的起始位置。长度映射方法同式（7-1），条形的起始位置点见式（7-2）：

$$\text{position}(p_i, q_i) = \text{position}(x_i, y_i - \text{radius}.\, i/2)$$

$$(7-2)$$

式中，p_i 为第 i 个条形图的起始横坐标；q_i 为纵坐标；x_i 为原始横轴标；y_i 为原始纵坐标；radius. $i/2$ 为 A1 区散点半径。

图 7-5　A2 区布局示意图，$k = 4$（k 为时间子分段数）

首先确定条形图的长度及在轴平面中的起始位置。长度映射方法同式（7-1），其映射区间为 $[0.5，1.5]$。条形的起始位置点见式（7-3）：

$$\text{position}\ (p_i,\ q_i)\ = \text{position}\ (x_i,\ y_i - \text{radius}.\ i/2) \qquad (7-3)$$

式中，p_i 为第 i 个条形图的起始横坐标；q_i 为纵坐标；x_i 为原始横轴标；y_i 为原始纵坐标；radius. $i/2$ 为 A1 区散点半径。

确定起始位置后，将条形图根据 A2 区划分的时间子分段映射各时间域对应的属性 P6。根据属性值 P6 与属性 P5 的比值确定各分段条长，即

$$t_{ij}.\ \text{length} = \text{bar}.\ \text{length} \times \frac{t_{ij}.\ p6}{t_{ij}.\ p5} \qquad (7-4)$$

式中，$t_{ij}.\ \text{length}$ 为第 i 个农产品第 j 个时间子分段对应的条长；bar. length 为总条长；$t_{ij}.\ p6$、$t_{ij}.\ p5$ 为第 j 个时间子分段对应的 P6、P5 属性值。

本章数据包含 2012 年到 2016 年（除去 2015 年）的 4 个批次，映射效果如图 7-5 中 A21、A22、A23、A24 区，其中 k 为时间子分段数。因采样时间并不连续，故采用颜色值区分采样时间段，并将分段颜色深浅映射 P7，此处 P7 分低、中、高三个等级。

7.8 农药检测结果属性可视化

A3 区映射属性 P4、P8、P9。本部分主要可视化以下三个内容：

1）高剧毒检出情况。

2）不同类别农药检出占比情况。

3）某一时间段的采样量。

对于有高剧毒检出的情况属于农药污染，因此需制定不安全等级，对其进行可视评估。同时对于农药的使用情况也需要进行关注，例如哪种类别的农药使用较为广泛，并且是否毒性类农药项偏多，从而对其采取禁用措施改善污染情况。

与 A2 区布局类似，采用放射环图进行布局，同时利用放射环图的叠加来映射时间属性。单个放射环图映射示意图如图 7-6a 所示，不同种类农药的颜色映射如图 7-6b 所示，图中高剧毒检出样本数、有机氯类、有机硫类、有机磷类、有机氮类、拟除虫菊酯类、氨基甲酸酯类、其他类的颜色依次为 [255, 0, 0]、[255, 160, 122]、[139, 71, 93]、[255, 246, 143]、[0, 0, 128]、[124, 252, 0]、[255, 193, 193]、[193, 255, 193]。

将放射环图以 Y 轴正方向顺时针划分为 8 个扇区，第一个扇区对应属性 P8，称为高剧毒扇区，其他 7 个扇区对应属性 P9，称为农药类扇区。除第一个扇区外，其他扇区半径相同。各扇区角度映射公式为

$$\theta_i = \frac{x_i}{x_2 + x_3 + \cdots + x_n} * \left(2\pi - \frac{\pi}{6}\right) + \theta_{i-1}, i \in [2, 8]$$

(7-5)

规定第一个扇区角度固定为 60°，θ_i 为从起始角度开始到第 i 个扇区的结束角度，i 取值区间为 [2, 8]，x_i 为第 i 个区间对应的 P9 值，n 为区间数。对于属性 P4，将其映射为农药类扇区半径，通过放射环图大小来

a) 映射示意图

b) 颜色映射示意图(彩图见插页)

图 7-6 单放射环图映射示意图和
不同类农药的颜色示意图

观察其采样量。

将放射环图以 y 轴正方向为起始方向逆时针划分为 8 个扇区，开始的 7 个扇区对应属性 P9，称为农药类扇区。各扇区角度映射公式为

$$\theta_i = \frac{x_i}{x_1 + x_3 + \cdots + x_n} * \left(2\pi - \frac{\pi}{6}\right) + \theta_{i-1}, i \in [1, 7] \tag{7-6}$$

式中，n 为区间数；i 取值区间为 $[1, 7]$；θ_i 为从起始角度开始到第 i 个扇区的结束角度；θ_0 为 $0°$；x_i 为第 i 个区间对应的 P9 值。对于属性 P4，将其映射为农药类扇区半径，通过放射环图大小来观察其采样量。

将农药类扇区中的高剧毒农药提取出来，作为第 8 个扇区，称为高剧毒扇区，并设定其扇区圆心角固定为 60°。高剧毒扇区对应属性 P8。对于属性 P8，需定义一个不安全等级，为了制定较细的评估标准，将不安全等级划分为 8 个级别。高剧毒扇区属性映射，设计为高剧毒扇区初始半径与农药类扇区半径相同，将初始半径划分为 8 个分段，每个分段代表一个级别区间，由圆心向外不安全等级为由低到高，根据本章数据集，8 个级别区间从低到高依次为 $[0, 0.125]$，$[0.125, 0.25]$，$[0.25, 0.375]$，$[0.375, 0.5]$，$[0.5, 0.625]$，$[0.625, 0.75]$，$[0.75, 0.875]$，$[0.875, 1]$，则高剧毒扇区半径根据级别所在区间决定，同时高剧毒扇区半径与农药类扇区半径的比值与高剧毒检出量与采样量的比值一致。

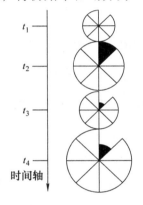

图 7-7　具时间属性的多玫瑰图示意图（$k = 4$）

结合时间属性的 A3 区通过放射环图的叠加来进行布局，其布局示意图如图 7-7 所示。

根据时间轴方向，将多放射环图从上到下按时间从远到近进行叠加，一个单玫瑰图同一时间段的采样数据映射，其高剧毒扇区依据各自不安全等级映射为不同的扇区面积，面积为 0 时则表示无高剧毒检出。

多放射环图对应轴平面中的起始位置为

$$\text{position}(u_i, v_i) = \text{position}(p_i, q_i - \text{bar. length}) \tag{7-7}$$

式中，u_i 为第 i 个多玫瑰图的起始横坐标；v_i 为第 i 个多玫瑰图的纵坐标；bar. length 为 A2 区中堆积条形图长度。

各放射环图圆心坐标为

$$o(x_{ij}, y_{ij}) = o(x_{ij-1}, y_{ij-1} - r_{ij-1}), j \geq 2 \tag{7-8}$$

式中，$o(x_{ij}, y_{ij})$ 为第 i 个农产品第 j 个单玫瑰图的圆心点坐标；r_{ij-1} 为第 $j-1$ 个单放射环图半径。当 $j = 1$ 时，有

$$o(x_{i1}, y_{i1}) = \text{position}(u_i, v_i - r_{i1}) \tag{7-9}$$

7.9　案例分析

本章设计提出的农残数据时序分组可视化针对农残检测数据旨在以简单直观的方式比较随时间采样以及根据分类整理的检测结果统计量，并以此作为污染等级评估值，评估单项农产品的不安全等级以及指定区域不安全等级较高的农产品及其类别。

对于超标检出样本，属于不安全等级，需要重点关注，如果检测出其样本数较多，则判定为该农产品项污染严重。但未超标检出样本数不代表属于安全等级，其存在潜在的安全隐患。因为本章超标判定结果是相对于我国内地 MRL 标准而言，目前我国内地 MRL 判定标准与其他国家地区相比有所不同，因此也需作为一个评估值进行污染等级判定。针对本章数据集，筛选北京地区下水果数据作为案例数据集。

7.9.1　单农产品案例数据可视化及分析

本章可视化方法对于比较关心的农产品案例，可单独对其进行分析。例如苹果，效果图如图 7-8 所示。

从图中可以发现，苹果对比其他水果，其安全检出量相对其采样量要多，意味着超标量检出要少。平均每年的安全检出量占比大体相同，并且其条形各颜色段的颜色较浅，也代表超标检出量较少。从农药使用情况上看，四年均有有机氮类、有机磷类农药检出，并且有机氮类农药占比较大。2016 年使用农药类别有所增加。总体而言，苹果污染等级偏低。

7.9.2　多农产品案例数据可视化及分析

除分析单个案例，还可以对整个基于分类的农产品项进行多统计量的对比分析。可视化效果图如图 7-9 所示。

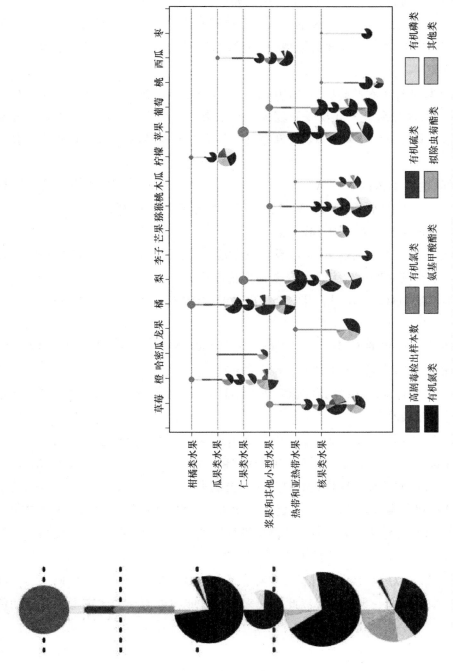

图 7-9　基于分类的农产品项进行多统计量的对比分析（彩图见插页）

图 7-8　苹果案例效果图

第 7 章　农残检测数据的时序对比可视化　**115**

针对图中所示可视化结果，可得分析结论如下：

1）首先从图中分类轴坐标中 x 轴方向可以得到北京地区从 2012 年至 2016 年共采样水果类农产品项 16 种，以 y 轴方向得到其所属农产品类目共 6 类，各类水果采样农产品项比较均衡。

2）其次再评估每个农产品项 A 内的属性。首先观察 A1 分块中的 P3 属性值，可以发现 2012 年以来各类水果采样量差异较大，其中梨、苹果所属的仁果类水果采样较多，柑橘类水果其次，而瓜果类、热带和亚热带以及核果类水果都采样较小，尤其哈密瓜、李子、枣等。

3）从时间走势上依次观察 A2 和 A3。通过 A2 中颜色映射可以发现，北京地区 2015 年并无采样，个别水果 2012、2013、2014、2016 年均有采样，大部分水果 2016 年均有采样，其他年份的采样则比较分散。

4）从条形长度映射的属性 P5 可以看到采样量与安全检出量大部分呈现反比关系，但对于仁果类水果其采样量较大，但安全检出量的比例也较大，意味着不安全等级较低，而柑橘类水果相对其检出量，其安全检出量的比例较小，则不安全等级相对高些，特别是柠檬。

5）从条形分段映射的不同时间下的属性 P6 来看，每年安全检出量占比差异不大，但 2013 年以前安全检出量占比较 2013 年以后要大。

6）从各分段颜色深浅映射的属性 P7 来看，平均每年猕猴桃、苹果、梨相对其他水果项的超标检出量要小。

7）通过 A3 中属性映射可以发现，仁果类水果、浆果和其他小型水果以及柑橘类水果几乎每年都有采样，并且采样量相对其他水果要多，总体采样情况较为规律。

8）从放射环图农药类扇区代表的农药检出类别来看，蓝色代表的有机氮类农药检出较多，证明有机氮类农药使用较为广泛，其次为氨基甲酸酯类农药、有机磷类农药。

9）对于农残检测结果需要重点关注高剧毒扇区的不安全等级区间映射结果。从图中可以直接看出，存在高剧毒检出的有草莓、橙、橘、柠檬、西瓜等 8 个农产品项，基本分布在 2013 年以后。其中，柠檬、草莓、橘等从其不安全等级所在区间来看，高剧毒检出量占采样量的一半以上。以此情况来看，可能与近两年加大了毒性农药的使用有关。

7.10   结论

本章针对农残检测数据，基于数据复杂性特征，将数据依据层次架构分层布局，通过坐标轴映射和图形编码设计了一种针对农残数据的时序分组可视化方法，以实现农产品分类以及随时间排列的多属性映射。本章可视化设计思想贡献如下：

1）采用多维可视化技术中的散点图，将二维变量映射为非连续值，以坐标所属关系实现了农产品分类，同时二维变量确定的位置点又可映射多维属性。

2）基于散点图，利用有限的空间设计了满足需求分析的图形编码，较复杂的图形编码导致可读性降低，因此采用易于理解，可读性高的传统统计图形，且利于比较。

3）借鉴 ThemeRiver 的设计思想，采用堆叠的统计图形显示多个时间序列的数据对比。

该可视化布局基本实现了以下几个内容：

1）依据分类的农产品检测结果在二维平面的分布展示。

2）农产品类间及类中的数据对比分析。

3）随时间趋势的数据对比。

4）多类统计量展示及安全评估。

农残检测数据除去本章给出的农药检出类别，还有具体的农药检出名、农药毒性以及农药检出频次等属性。为了更全面地展示农残检测结果，下一步工作将使文本设计进一步完善。

第8章
农残检测数据的倾向性分析可视化

本章针对数据集中两类互相关联的研究对象，通过可视化布局方法的设计突出一类研究对象对于另一类研究对象的倾向性，展现用户重点关注属性的倾向性分布模式。提出了一种基于极坐标的旋转布局可视化方法，在突出展现数据倾向性关联分布特点的同时，展现数据的多统计量。此方法借鉴了气泡图、饼图、放射环图、嵌套圆等可视化方法的思想，进行混合变形化布局。对倾向性分布模式的描述可以从宏观上快速定位到用户感兴趣的对象，有利于领域专家对研究对象的高兴趣度信息得到整体把握，可视化布局方法还辅助以其他可视化编码来体现更多的附加信息，在体现倾向性的同时，又对多附加属性实现直观简洁的显示，增加了可展示的信息量。最后分别以两类数据集进行案例分析，证明方法的有效性。

注：本章中所使用的农残检测数据内容已进行脱密混淆处理，非真实数据，仅用于阐述数据可视化及其分析过程，请勿直接采信。

8.1　引言

近年来，食品安全问题屡屡发生，总体形势仍较为严峻[191]。而食用农产品中的农药残留是世界各国关注的重要食品安全问题，农药残留不仅仅危害到国内民众的健康，还会产生对农产品安全问题的担忧与恐慌[192]。食品中农药残留侦测数据（一般简称农残数据）是与食品安全相关的一类重要数据，在通过数据采集得到后，希望能够快速对其进行一个直观的分析，对其特点进行研究。针对这一目的，将农残数据进行可视化，可直观快速地得到数据规律的大致分布，能够帮助相关监管人员分析决策，从而预防食品安全问题的发生[193]。

农药残留检测数据包含农产品的采样属性（如采样时间、采样地、采样人）、农产品属性（如农产品名称、所属类别）、检出农药属性（如检出农药的名称、所属类别、检出频次以及检出毒性等）。根据专家对数据的初步评价意见和分析需求，最受关注的数据分析结论包含如下几点：

1）检出频次最高的农药情况。

2）检出农药的综合毒性情况。

3）检出农药的种类数。

4）该种农产品的采样量。

其中检出频次最高的一种或几种农药及其种类称之为"农产品的农药检出倾向性"。

以上四点有利于领域专家对该农产品的农药检出情况快速得到整体把握，对其中含量最高的农药以及综合毒性较高的农产品进行及时的重点排查有助于改善该农产品的安全情况。但对于农残数据，在表达其各种属性的同时，尤其能表达出农产品中被检出农药的倾向性，在已存在的方法中还未有良好的解决方案。

本文提出了一种基于极坐标布局的针对农残检测数据的快速分析方法，该方法首先针对农药的数据进行统计并将每一种农药的数据映射为一个独立的圆（称为农药圆），然后针对农产品的数据进行统计并将每一种农产品的数据映射为一个图形（称为农产品图元）；在布局方面，基于极坐标计算方法，将农产品图元和农药圆根据检出倾向性进行对齐，从而突出农残检出的倾向性；同时，通过形状、大小、颜色等属性对检出数据进行多方面的综合展现，从而提高信息的呈现量。本方法能对农产品在检出农药的倾向性和各类属性的快速分析方面，提高分析效率及分析直观性。

8.2 相关工作

8.2.1 食品安全数据分析现状

目前，我国食品安全形势日益严峻。对食品安全问题的现有研究，多集中在监管与风险评估两方面。具体存在食品安全防控、风险管理措施、风险防范策略等方向[194]。而食品中农药残留侦测数据主要表征采集到的食品样品中的农药化合物在样品中的残留量，在实际研究中，专家们往往对数据的关注有所偏重，更为关注那些与健康密切相关的数据，称之为预警关键因子[195]。

目前存在的食品安全数据分析方法中，主要存在以下方式：

1）以专家经验为依托，进行数据的定性分析。根据专家经验可以快速得到数据的大致分析，如孙宝国[191]针对食品安全领域列举了大量案例以提出该领域存在的问题；

2）通过统计学中的各类统计图表进行一到两个数据维度的统计分析[158]，这类方法简洁直观，但表达的信息量少。如 Gasaluck[196]采用 SPSS 对不同季节的食物和饮料进行微生物和重金属污染分析；

3）使用关联规则挖掘、支持向量机等经典数据挖掘方法对数据进行深度挖掘，这类方法结果不直观、不利于用户理解。梁兰贤等人[197]用支持向量机回归模型预测未来 3 年的食品质量趋势，发现食品质量与抽检地无关，而只与微生物显著相关；

4）一些食品安全机构使用内部研究的专业分析系统，针对一些小范围数据进行相关统计分析以及风险预警，许建军[195]提出了食品安全预警数据分析系统，依据食品安全预警数据分析模型，对产品中的危害进行识别和判定，发出食品安全初预警信息。

8.2.2　信息可视化分析方法现状

信息可视化对抽象数据使用计算机支持的、交互的、可视化的表示形式以增强认知能力[198]。信息可视化侧重于通过可视化图形呈现数据中隐含的信息和规律，已经成为人们分析复杂问题的强有力工具[35]。针对本文的可视化工作，重点研究关于多维数据属性的可视化方法。

农残检测数据属于典型的多维数据，散点图、散点图矩阵和平行坐标技术是常用的多维可视化方法。Ke Yang 提出一种平行散点图的方式分析多维数据集之间的关系[165]，将表示二维数据的散点图和表示多维数据的平行坐标结合在一起，来表示多维数据之间属性的关系；Huang M L、Zhang J 等人提出 TreemapBar[29]，将树图嵌入到柱状图中，来有效利用屏幕空间查看数据多维属性；Sarah Goodwin[89]提出了结合散点矩阵、地理信息以及像素图的相关性非对称矩阵布局可视化方法，实现多维度地域属性间的相关关系对比分析。

在可视化的布局方面，Stasko 和 Zhang[18]提出 sunburst 布局方法，对树形结构采用发射状的布局，将中心圆环代表根节点，半径不同的圆环表示不同的层次，每个圆环根据相应层次上的节点数目及属性划分为多个扇形。此后的研究中也在不断改进径向布局的可视化方案，并将其应用在越来越多的领域数据集中。如 Xiaotong Liu 等人[199]在 2016 年设计了 BrandWheel 对社会媒体品牌公众认知进行可视分析，外射的同心圆环体现个性特征和因素分组组成，圆环中心由哥特色轮填充映射品牌 5 大特征；PhenoS-tacks[200]利用径向层次结构的 sunburst 总结表型全局层次结构，颜色映射指标度量值，辅助进行医学领域的表型比较可视化；Xu、Chen 等人提出的 ViDX[60]进行智能工厂装配线性能的可视分析，使用多个同心旋转圆结合条形图表示不同产品在不同装配过程所需的时间对比；Lohmann S 在 2015 年提出一种分层词云布局的可视化方法[201]，将几个具有层级关系的文本合并在环形扇区中，利用各层扇区的交集来进行文本交集的词云展示。以上布局为径向环状布局，其空间利用率高，可有效表达层次关系和交集关系。

在可视化的颜色映射方面，颜色编码调用一些约定俗成的色彩语义，符合人的情感表达和认知[202]，同时也通过颜色对比突出显示用户关注区域。

8.3 数据源分析

数据集的每一条记录均包含多种属性，可以分成多类。本章采用的两类数据集均为具备多维、层次、时空特征的结构化数据集，根据用户的关注情况，对其进行分类及统计其关注度较高的统计量情况见表 8-1。

表 8-1 数据源属性分类及用户关注度较高的统计量

数据集	分类	包含属性	重点关注度的统计量
农残检测数据集	农药类信息	名称、所属类别、毒性等	1）每种农药存在的农产品种类数 2）各类别农药的总数
	农产品类信息	名称、所属类别、采样时间、采集地、采集人等	3）每项农产品的采样数 4）各类别农产品的总数
	检出类信息	检出量	5）每项农产品检出农药种类数 6）每项农产品检出高剧毒农药总频次 7）每项农产品检出最多农药名以及检出频次

为直观展示以上统计量，以突出用户对数据集关注度高的属性，进行下面的可视化方法设计。

8.4　基于极坐标的旋转布局可视化方法

可视化布局效果对用户从中获得有价值的信息起着十分重要的作用。为重点体现数据分布的关联倾向性，对可视化图元的设计及位置布局步骤如下，为更为清晰地说明且全面展现数据特点，本部分以农残检测数据为例代入说明。

8.4.1　两类对象图元设计及可视化元素编码

首先，对所需分析的相互关联的两类研究对象及其相关属性进行可视化元素编码，图元的大小、形状、颜色均映射为不同属性，以农残数据的研究对象农药、农产品为例，详述如下。

1. 农药统计数据及其相关属性映射为农药圆

将每种农药都表示为一个独立的圆形，称为农药圆，大小映射被检出该农药的农产品种数，颜色映射该农药的毒性。

2. 农产品统计数据及其附属属性映射为农产品图元

农产品图元的大小映射为农产品的总采样量，分为五类，映射为五种大小（图元外接圆半径）；农产品图元的形状映射农产品检出农药种类数，综合考虑数据集特征，发现在实际农残数据集中，将农产品检出农药种类由小到大均分为五类，分别以长条形、十字形、三角形、四边形和圆形来表示，具体映射见表 8-2。

表 8-2　农产品映射图形设计表

农产品检出农药种类数	映射形状设计	图形中心距端点映射示意图
$[\min, \min + \Delta l)$	长条形	
$[\min + \Delta l, \min + 2\Delta l)$	十字形	

农产品检出农药种类数	映射形状设计	图形中心距端点映射示意图
$[\ \min + 2\Delta l,\ \min + 3\Delta l)$	三角形	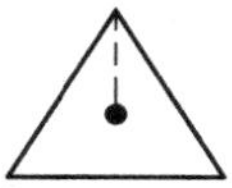
$[\ \min + 3\Delta l,\ \min + 4\Delta l)$	正方形	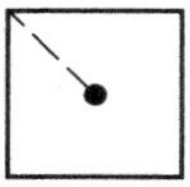
$[\ \min + 4\Delta l,\ \max\ ]$	圆形	

其中，$\min$ 和 $\max$ 分别为农产品检出农药种类数的最小值和最大值。Δl 为各农产品检出农药种类数分段的间隔值。

农产品图元的颜色映射该项农产品的高剧毒农药检出情况。检出高剧毒的农产品项颜色深浅由其含高剧毒农药的总检出频次决定。

8.4.2　对象图元的位置计算及环形分段映射

接下来，以基于极坐标的布局方式计算农药圆和农产品图元的位置，将所有农药圆布局在一个圆环结构中，所属类别相同的农药对应的农药圆相邻排列，其下叠加分段圆环映射其所属类别信息。根据农产品中检出农药的倾向性确定农产品图元的位置，将其布局在农药环内部。具体步骤如下。

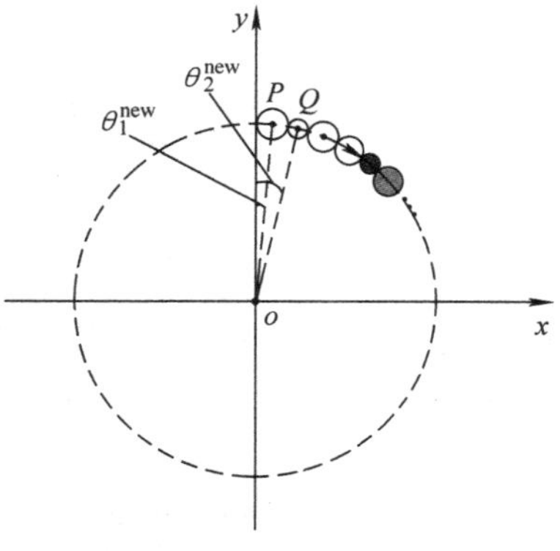

1. 计算农药圆的位置

设第 i 个农药圆在圆环结构上所占的圆心角为 β_i、圆心位置的极坐标为 $(\rho_i,\ \theta_i)$。示意图如图8-1所示。

图 8-1　农药圆位置计算示意图

2. 计算农药圆圆心位置的极径 ρ_i

所有农药圆的极径 ρ_i 相同，统一表示为 ρ，其可根据绘制区域的大小选取合适的设定值，如绘制区域为长宽均为 1000 的方形区域，ρ 的取值应不大于 500。

3. 计算农药圆在圆环结构上所占的圆心角 β_i

所有农药圆相邻排列于一个圆环结构中，每个农药圆所占的圆心角与被检出该农药的农产品种数相关，被检出该农药的农产品种数越多，则农药圆所占的圆心角越大。第 i 种农药对应的农药圆所占圆心角 β_i 的映射关系见表8-3。

表8-3　单种农药圆形所占圆心角的映射表

检出该农药的农产品种数	所对应的圆心角 β_i
$[\min,\ \min + \Delta d]$	β_0
$[\min + \Delta d,\ \min + 2\Delta d]$	$2\beta_0$
$[\min + 2\Delta d,\ \min + 3\Delta d]$	$3\beta_0$
$[\min + 3\Delta d,\ \max]$	$4\beta_0$

其中，$\min$ 和 $\max$ 分别为所有农药被检出的农产品种数的最小值和最大值，Δd 为检出该农药的农产品种数分类的间隔值 $\max/4$。根据式（8-1）求得表8-3中 β_0 的值，从而求得每个农药圆所占的圆心角 β_i。

$$\sum_{i=1}^{n} \beta_i = 2\pi \tag{8-1}$$

4. 计算每个农药圆圆心位置的极角 θ_i

根据每个农药圆所占的圆心角 β_i，农药圆圆心极角 θ_i 计算方法如式（8-2）所示：

$$\theta_i = \sum_{k=1}^{i-1} \beta_k + \frac{\beta_i}{2} \tag{8-2}$$

式中，β_i 为第 i 个农药圆所占的圆心角。至此可得到农药圆的圆心位置极坐标（ρ，θ_i）。

为便于专家和用户的理解，本章提出的可视化方法中，以垂直向上的方向作为极角起始角度，以顺时针方向作为正方向，这与传统的极坐标系有所不同，需要将极角 θ_i 进行转换，转换方法为 $\theta_i^{\text{new}} = \dfrac{\pi}{2} - \theta_i^{\text{old}}$。

5. 计算农药类别环形分段的位置

图8-2所示为农药环布局示意图，圆环内外径 R_{in}、R_{out} 的计算如式（8-3）所示：

$$\begin{cases} d = a + \rho \cdot 4\beta_0 \\ R_{\text{in}} = \rho - d/2 \\ R_{\text{out}} = \rho + d/2 \end{cases} \tag{8-3}$$

d 为环间距，其值根据最大农药圆直径来确定，α 是为使环形边界不与农药圆相切而设定的间隔值，可取合适设定，取值范围一般在 [1，10] 之间，ρ 为农药圆圆心位置的极径。按照农药分类确定环形的每个分段。共分为 6 段，分别代表有机氮类农药、有机磷类农药、有机硫类农药、有机氯类农药、氨基甲酸酯类农药以及其他农药六类。每种农药分类对应的环形分段所占的圆心角为所有该类别农药所占的圆心角 β_i 的加和。

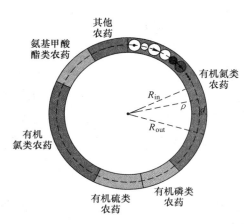

图 8-2　农药环布局示意图

6. 计算农产品图元的位置

图 8-3 为计算示意图。设第 i 项农产品对应的农产品图元所在位置 V_i 的极坐标为 (D_i, α_i)，α_i 与该种农产品中农药倾向性（即被检出频次最多的农药）对应的农药圆圆心的极角 θ_i^{new} 一致；D_i 映射第 i 项农产品的所有采样中被检出频次最多的农药的被检出频次（即 P_i），映射公式如式（8-4）所示：

$$D_i = P_i \cdot \frac{R_{\mathrm{in}} - r_{\max} - d_{\mathrm{pre}}}{P_{\max} - P_{\min}} \tag{8-4}$$

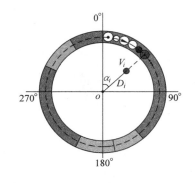

图 8-3　农产品图元位置计算示意图

$P_{\max}$、$P_{\min}$ 分别是所有检出频次的最大值和最小值，R_{in} 为环形内径，$r_{\max}$ 为农产品图元的最大半径，预留出 $r_{\max}$ 的值是为了避免当 P_i 取最大值时农产品图元与农药环重叠，d_{pre} 为预留间隔值，意在使得偏移之后的农产品与圆环内圈留存一个间隔，效果更为美观。

据此，以城市 A 检出结果为例，得到初始效果图如图 8-4 所示。

8.4.3　针对图元重叠的优化方法

当环形内图元数量较多且大小较大时，图形重叠容易造成视觉混乱。现采取以下优化方法：

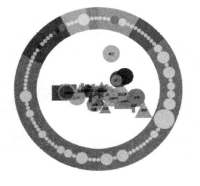

图 8-4　城市 A 检出结果的初始效果图

1. 图元位置偏移

通过从环形中心出发设定一个 D_i 的偏移值 S 使得农产品图元所在位置尽可能向外围分散，S 的设置满足式（8-5）即可：

$$S + r_{max} + D_i \leqslant R_{in} - d_{pre} \tag{8-5}$$

其中，R_{in}、r_{max}、D_i 与公式 4 中的意义相同。偏移值 S 可由用户根据可视化效果在编辑框中设置，将式（8-4）加入 S 参数重新计算 D_i 的值如式（8-6）所示：

$$D_i^{new} = P_i \cdot \frac{R_{in} - r_{max} - d_{pre} - S}{P_{max} - P_{min}} \tag{8-6}$$

根据得到的 D_i^{new} 重绘农产品图元，图 8-5 所示为用户设置偏移值 S 为 30px 后的效果，与图 8-4 相比，效果中中心区域的重叠问题得到初步减缓。

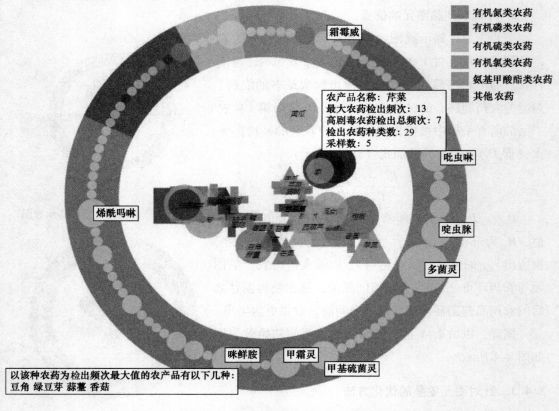

图 8-5　优化效果图（彩图见插页）

2. 鱼眼算法将重叠图元推开并中心放大

鱼眼放大是解决图元重叠问题很有效的一种交互手段，添加鱼眼算法，用鼠标单击存在重叠的图元，可将该图元周围的重叠图元分散开，并将该图元鱼眼放大，图 8-6 所示即为将存在重叠的"草莓"农产品图元实现鱼眼放大的效果，有效地解决了图元重叠问题。

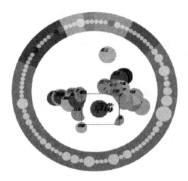

图 8-6　将"草莓"图元鱼眼放大

3. 图元多尺度筛选

目前提供了两种尺度的筛选，以减少同时显示的图元数量，如农残数据中：①根据"被检出的农药种类数"对农产品项进行筛选；②根据"含量最高农药的检出频次区间"对农产品项进行筛选。

4. 图元透明度调整和半径调节

采取半透明的图元来观察极坐标相近的图元，可通过颜色透明度的调整大致看出重叠的图元数量。

通过缩小图元外接圆半径的方式来展示所有的节点供用户选择，如图 8-7 所示，自左向右分别是农产品图元保持不变、缩小为原来的 0.5 倍、缩小为原来的 0.25 倍的效果，此时，相互遮挡的图元也能为分析人员所观察和选择，但此时图元形状及大小就容易被忽视，因此，提供了选择框以供用户选择需要缩放的倍数。

5. 辅助信息点选显示

针对少量相同径向上的重叠图元，除在颜色上采取半透明的方式来显示重叠农产品外，通过鼠标悬停于对应农药可获取检出该农药为最大频次的所有农产品项，用鼠标单击各农药或农产品图元，可标签展示其各统计量的具体数值。

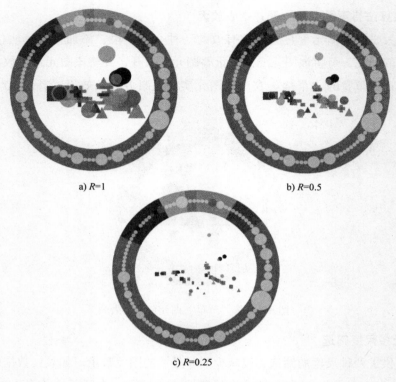

a) *R*=1　　　　　　　b) *R*=0.5

c) *R*=0.25

图 8-7　农产品图元半径调节

8.5　针对农残检测数据的检出倾向性分布模式分析

通过图 8-5 所示的城市 A 农残检测数据可视化案例结果，根据其涉及的某批次检出结果约一万余条记录，从中可得到以下结论：

1）对于农药，在 80 种检出农药中，有机氮类农药检出最多，5 种高剧毒农药集中分布在有机磷类以及氨基甲酸酯类农药当中；结合农药圆的大小，可看出各农药的检出频次，多菌灵、烯酰吗啉、甲基硫菌灵、啶虫脒等农药的检出频次多，其中以多菌灵为最。

2）对于农产品能进行的分析较多，主要包括：①根据农产品图元的大小可判断采样量，苹果、甜椒、芹菜、黄瓜及油麦菜等采样量较大；②结合农产品图元的形状，发现黄瓜、枣、甜椒、豆角等的形状为圆形，检出农药种类数都较多，需对其进行重点关注；③结合农产品图元的颜色，可判断农产品中高剧毒农药的检出情况，芹菜的颜色为深红色，检出剧毒农药；④根据农产品图元对应的农药圆方向，判断农产品中哪种农药检出频次最多，如黄瓜中霜霉威的检出频次最多；苹果、香蕉、甜椒、圣女果等倾向于多菌灵；⑤根据农产品图元的极径，了解具体检出频次的对比情况，如在检出多菌灵最多的农产品中苹果的检出频次最大。

8.6 方法对比评测

针对本章所述的基于极坐标的旋转布局可视化方法，邀请了合作单位中国检验检疫科学院的专家进行评价，在针对本章方法的试用评价中，普遍评价本方法能快速地获取文中所述的分析结论，可视化效果对农药检出倾向性实现了直观的表达，对附带属性的显示也较为清晰。

结合专家建议，该方法同国内外现有类似方法的对比讨论见表 8-4 和表 8-5。从食品安全领域数据集应用角度，本章设计的可视化方法可以直观快速地对农产品检出农药的倾向性和相关属性对比分析，通过表 8-4 与现有的食品安全数据分析方法进行性能上的比较，同样得到较好的对比结论。另外，从基于极坐标的环形旋转布局和图元可视编码设计上，同现有的径向布局相关可视化方法进行功能上的对比见表 8-5。本章方法采用创新的可视化元素编码，并可以较好地实现数据集的多属性和检出倾向性快速分析，展现信息量增多，且空间利用率高。

表 8-4 本章方法与现有食品安全数据分析方法对比

现有的食品安全数据分析方法	客观性	易用性	直观性	普适性	全面性
文献法及专家经验法	较差	较好	差	差	较差
用于内部研究的专业数据分析系统[198]	较好	较差	一般	差	较好
统计学方法，如采用 SPSS 对食物中微生物和重金属污染进行分析[35]	较好	一般	一般	一般	一般
使用支持向量机等数据挖掘算法预测未来 3 年的食品质量趋势[165]	较好	差	差	较差	一般
本章旋转布局可视化方法	较好	较好	好	一般	较好

表 8-5　本章方法与现有的径向布局可视化方法对比

现有的径向布局相关可视化方法	空间利用	配色方案	创新性	信息量	倾向性展现	属性间对比
BrandWheel[199]利用哥特色轮 + 同心 5 层圆环布局体现品牌公众认知	一般	较好	一般	一般	无	一般
PhenoStacks[200]利用 sunburst 总结表型全局层次结构	一般	一般	较差	一般	一般	较好
ViDX[60]使用同心旋转圆结合条形图体现零件各部分的实时装配时间	较差	一般	一般	较差	无	一般
Lohmann S[201]分层词云布局	较好	一般	较好	一般	无	无
本章提出的旋转布局可视化方法	较好	较好	好	较多	好	较好

8.7　结论

本章完成了对数据关联倾向性分布模式的可视分析研究，提出一种基于极坐标的旋转布局可视化方法。该方法可突出展现两类研究对象之间的关联性，并展示其关联属性的倾向性分布特点，同时通过丰富的可视化编码展现数据的多统计量，大大增加了可视化方法得到的信息量。另外，该方法通过多种交互方式对布局方法进行优化，减缓了图元重叠问题，提高了方法的有效性和易用性。

第9章
基于曲线与区域的多关系数据可视化

针对超图表达中，超边的表示不直观、描述不准确、绘制算法复杂的问题，提出了两种基于 Catmull－Rom 插值算法的超图可视化方法，分别为基于曲线的和基于区域的超图可视化方法。

在基于曲线的可视化方法中，首先针对超图中的每一条超边，对其所涉及的节点依据次序关系重新组合为三段式链表结构；将该三段式链表结构中的节点作为是控制点，采用 Catmull－Rom 算法实现控制点间的平滑曲线插值；最后使用 OpenGL 中的 GL_LINE_STRIP 模式，对所有的超边进行绘制得到可视化结果。

在基于区域的可视化方法中，针对超图中的每一条超边首先进行节点扩展，然后将扩展点进行平滑连接获得一条闭合曲线，使用三角带模式和三角扇模式对该闭合曲线围成的区域进行填充，最后对其进行着色获得一个闭合区域，最终的可视化结果中，使用一个闭合区域表示一条超边，每一条超边所涉及的所有节点均被包围在对应区域中。

基于视觉颜色分辨原理，使用色相环均分方法对各条超边对应的曲线获区域进行着色，以增强超图中各条超边的区分度；

实验结果表明，本章提出方法的两种可视化结果均能够直观、有效的表达超图中的超边，绘制效率能满足实时交互的要求。

9.1 引言

知识发现（Knowledge Discovery in the Database，KDD）是从数据库中发现潜在的、有意义的、未知的关系、模式和趋势，并以易被理解的方式表示出来。可视化数据挖掘是知识发现的一种新方法，它利用可视化作为人机交流渠道，将人集成到整个数据掘挖掘过程中且将人的随机应变能力、感知能力与计算机巨大的存储能力、计算能力结合起来[1]。

在知识发现过程中，对于复杂结构和关系，超图模型是一种有效的表达方式，它能够用图的逻辑结构来有效地组织和传递数据集的结构、关系和含义，并将模式同面向对象的相关概念联系在一起，其中包括类、继承、聚合、概括（支持超类）、多层次关系（超类间的联系）以及复合类等基于超图的数据表达对于数据的理解、数据的筛选都有着重要的作用[203]。随着数据挖掘所涉及的数据的复杂性越来越高，使用超图进行数据挖掘的应用也越来越多[204]，基于超图理论的数据表示和数据挖掘方法成为该领域的重要研究内容。

本章基于 Catmull – Rom 算法提出平滑曲线式和区域包围式的超图可视化方法，为解决超图表示中超边表示不直观、表达不清晰的问题，提供了直观、有效、快速的可视化方法。本章方法和与以往方法的不同之处在于：

1）本文方法能够使用计算机算法，根据超图中的超边自动进行绘制，为超图中的超边自动进行绘制提供一种自动化工具；

2）本章基于 Catmull – Rom 曲线算法，将超图中一条超边所涉及的节点，使用一条连续平滑的曲线进行连接（曲线式），或使用一个边界平滑的闭合区域进行包围（区域式），提高了超图中超边的直观性；

3）根据人眼识别原理，根据超图中超边的数量，使用均匀切分色相环的方式，对超图中的超边进行着色，从而提高超边的区分度。

实验结果表明，本方法对于超图中超边的绘制提供了快速的算法支持，能够实现平滑连接任意多个节点的超边，超边通过平滑连接线得以直观表达。

9.2 相关工作

在数学定义中，超图是图的一种派生形式，超图是图的一种变化类型，能在一条边中表示多个节点之间的数据关系。超图是一种非线性结构，一个超图 H 可以定义为 $H = (V, E)$，其中 $V = \{V_1, V_2, \cdots, V_n\}$，是一个元素集合，称为节点集或顶点集，$V$ 有穷非空；$E = \{e_1, e_2, \cdots, e_m\}$，其中任意一个 e_i 都是 V 的非空子集的集合，称为超边，当超边中的节点无先后顺序时称为无向边，当有顺序时称为有向边。

与普通图不同的是，超图中的一条超边可以同时和任意个数的顶点相连接。超图模型的特点是可以表达模式的复杂结构和关系，在空间数据挖掘中，基于超图模型的可视化可解决的问题包括：表征复杂数据的内在结构和关系；展示对象的属性和关系的发展变化趋势；观察模式的组成；在规模较大的数据集中进行对象属性值的查询。超图模型的优点是用图的逻辑结构来有效地组织和传递数据集的结构、关系和含义。

随着数据挖掘所涉及的数据的复杂性越来越高，使用超图进行数据挖掘的应用也越来越多。目前，对于超图的可视化主要有两类：第一类是使用多条线段或多段曲线前后连接，共同表示一条超边，这类方法实现起来较为简单，但这类方法对于超图中超边的表示并不直观，当超图中的多条超边存在交叉时，区分度较低；第二类是使用一个连续的区域将一条超边中的所有节点包围在该区域中，这类方法对超边的表现直观性较好，但存在绘制算法难以设计且实现复杂的问题。王柏[205]对复杂网络的可视化方法、图的布点算法、可视化压缩算法以及可视化信息检索等方面进行了综述。

对于基于超图的数据挖掘和知识发现，李丽薇[260]使用基于超图的数据挖掘方法建立多维数据聚类模型，通过可视化图形观察原始数据的结构信息，提高数据挖掘的准确性和用户的主动性，有效地提高了挖掘结果的可信度。余肖生[207]使用可视化的数据挖掘方法建立知识发现模型，利用可视化作为人机交流渠道，提高数据挖掘的准确性和用户的主动性，有效地提高挖掘结果的可信度。孙连英[208]等基于超图模型提出了一种空间数据的挖掘方法，通过超图的能表达多节点关系的特点展示数据间复杂的结构和关系。Qian[209]使用超图分区的方法进行复杂网络中的社区发现，通过超图的多节点关系特性，发现人际关系中的复杂社会关系。

王桂珍[210,211]使用超图表达文本可视分析中的主题关联关系，在长文档中关键词的相互关系复杂性较高，超图的多连接特性正适用于文档中多个主题间的关联。夏菁等人[212]使用超图对骨生物数据之间的多元关系进行表示，并借助于多线条来表示超图中超边的存在，通过超图表现骨骼间的连接关系。

在基于线段或曲线的可视化方法中，Eschbach[213]使用电路图表示法对超图进行表示，这种方法可以有效减少重叠，但这种方法的易读性和没关系较低。王建方等人[214]使用基于多条线段相连的方式来表示超图中超边的存在。Alper 等人[215]使用连续曲线连接同一集合中的节点，从而表达节点间的集合关系，该方法可应用于超边的表示。Jason[216]使用交叉树状图表示超图，并对超图中的交互手段进行动态转换。

在基于区域的可视化方法中，王建方等人[214]使用手绘的方式也实现了基于连续区域的表达方法，从而表示超图中超边的存在。Sawilla 等人[203]对超图的表示提出了一种使用椭圆来实现超边表示的方法，如图 9-1 所示，该方法对节点的位置与布局有诸多限制，而且算法决定只能用于节点数量很少的超图绘制。

Chimani 等人[217]使用基于连续区域的超边表示方法将超边所含的节点排列成凸区域，然后使用凸区域的平滑外接边作为超边的区域边界，如图 9-2 所示。

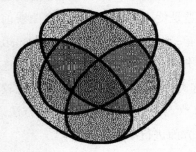

图 9-1　椭圆法超图绘制效果

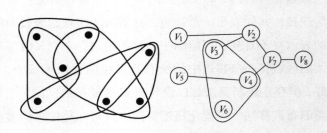

图 9-2　凸区域超图绘制效果

Brandes 等人[218,219]在 2010 年分别就使用超图进行边绘制和区域绘制的方法进行了研究，其绘制效果如图 9-3 所示。

Bertault 等人[220]就超图的绘制方法提出了基于子集的超图绘制方法，以及和 Zykov 平面化超图绘制方法。Buchin 等

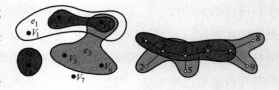

图 9-3　超边的区域式绘制效果

人[221]对超图中在平面绘制过程中所能提供的支持进行了说明和研究。Collins 等人[74]实现的区域型可视化方法，在已有可视化结果的基础上叠加节点间的集合关系，但该方法根据节点分布对像素进行能量函数求解，获得集合表示的区域可视化结果。

对于大型超图的绘制，Kaufmann 等人[222]提出首先对超图进行分割，然后单独进行绘制的方法。

9.3　超图数据读取及预处理

在对超图进行可视化处理的第一步，是将超图的数据读入预设的数据结构。本章

针对超图所使用的存储结构，借鉴 3D 网格模型中的网格存储结构，将超图数据分为如下两个部分：

第一部分存储超图中所有节点的信息，对于节点的信息，使用数组存储结构进行存储。

第二部分存储超图中所有顶点之间的相互关系，即超边信息，对于超边信息，使用链表存储结构进行存储。

如图 9-4 所示，超边中的节点分类主要依据其在超边中的位置关系。图 a 中，点 A、C 分别为首尾节点，点 B 为中间节点；图 b 中，点 D、H 分别为首尾节点，点 E、F、G 为中间节点。

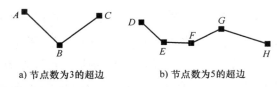

A
B
C
D
E
F
G
H
a) 节点数为3的超边
b) 节点数为5的超边
图 9-4　超边节点分类示意图

9.4　Catmull – Rom 曲线算法

Catmull – Rom 曲线是一种分段式连续平滑曲线，每一分段都可以独立计算，并可以实现分段间的连续平滑。

Catmull – Rom 曲线中，每个分段拥有四个控制点，假如将这四个顶点分别命名为 P_1、P_2、P_3、P_4，则其计算结果是一个在中间两个顶点 P_2P_3 之间的一段曲线。Catmull 曲线的计算结果如图 9-5 所示，

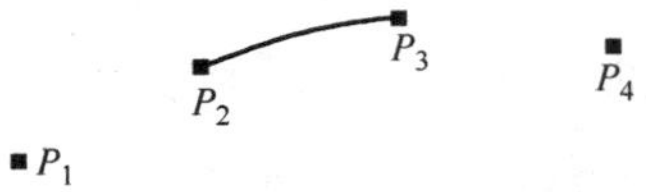

P1
P2
P3
P4
图 9-5　Catmull 曲线计算示意图

Catmull – Rom 曲线是一条三次曲线，其求解公式可用式（9-1）表示：

$$P_t = \frac{1}{2} * \begin{bmatrix} P_1 \\ P_2 \\ P_3 \\ P_4 \end{bmatrix}^T * \mathrm{M} * \begin{bmatrix} t^3 \\ t^2 \\ t \\ 1 \end{bmatrix} \tag{9-1}$$

式中，P_t 为插值点；P_1、P_2、P_3、P_4 分别为当前分段的四个控制点；t 为插值变量，其取值范围为 $t \in [0,\ 1]$；M 是 Catmull 的插值参数矩阵，其具体设置如公式（9-2）所示：

$$M = \begin{bmatrix} -1 & 2 & -1 & 0 \\ 3 & -5 & 0 & 2 \\ -3 & 4 & 1 & 0 \\ 1 & -1 & 0 & 0 \end{bmatrix} \tag{9-2}$$

在曲线插值过程中，首先根据所需要的曲线平衡度设定插值点数 i，i 值越大，表明插值后的曲线越平滑。

通过结合式（9-1）和式（9-2）可以得出：

当 $t=0$ 时，$P_t = P_2$；当 $t=1$ 时，$P_t = P_3$；

当 t 在 0 至 1 之间时，根据所需插值点数 i，使 t 依次为 $1/(i+1)$，$2/(i+1)$，$3/(i+1)$，…，$i/(i+1)$，即可得 Catmull 曲线的中间插值点坐标，共计算出 i 个插值点。将（P_2，i 个插值点，P_3）连接在一起将获得一段 P_2，P_3 之间的平滑曲线，

以控制点数组 S_1 为例，进行连续 Catmull – Rom 计算获得区域边界曲线的具体算法如下：

步骤 1：取数组 S_1 中前 4 个控制点 P_1、P_2、P_3、P_4，将这 4 个控制点作为 Catmull – Rom 算法的输入进行插值运算，获得该段插值点。

步骤 2：依次将 P_2、P_3、P_4 赋值给 P_1、P_2、P_3，然后从数组 S_1 中取 P_4 的下一个控制点，并将其赋值给 P_4，将这 4 个控制点作为 Catmull – Rom 算法的输入进行插值运算，获得下一段插值点。

步骤 3：依次执行步骤 2，直至数组中的所有控制点被取出，并参与运算获得插值点。

步骤 4：连接上述每一次 Catmull – Rom 算法的插值点，获得一条连续平滑的曲线。

针对控制点数组 S_1 和 S_2，分别执行连续 Catmull – Rom 计算获得两条平滑曲线，这两条曲线可首尾相接，共同组成表示超边的闭合区域边界曲线。

9.5 平滑曲线式超图可视化

本章提出的平滑曲线式超图可视化方法的实现过程包括如下几个步骤：

1）读取并存储超图数据；

2）将超图中超边的节点，进行重新组合，最终形成三段式链表的存储结构；

3）使用 Catmull – Rom 算法，在超边的各个节点间进行曲线插值；

4）借助色相环识别原理，对超图中的超边进行着色；

5）使用 GL_LINE_STRIP 绘制方式，对超图中的超边进行绘制。

6）针对超图中的所有超边，均进行步骤 2 ~ 5 的处理，最终获得超图的可视化方法。

9.5.1 组合超边节点为三段式链表

以超边中所含的节点数量作为判断标准，假如一条超边中涉及的节点数量为 2，则该条超边退化为普通边，直接以线段方式连接即可。反之，假如节点数量大于等于 3，则以如下步骤计算超边曲线。

将一条超边使用连续平滑曲线进行连接，常用的 Beizer 曲线或 B 样条曲线由于曲线不通过控制点，因此无法满足要求的。本章选取 Catmull – Rom 算法对超边进行曲线插值。

为统一对超图中超边的处理过程、降低处理复杂度，本章对超图中每一条超边所涉及的节点进行重新组合，组合为三段式链表。

其详细的实施步骤为

1）首先根据超图中每一条超边中节点的先后次序，将所有节点分为首点（head）、中间点（middle）、尾点（tail）；

2）为该条超边建立一个链表，链表长度为节点数 +2；

3）将超边中的节点，依超边中的节点序号，从节点数据区中读取节点位置及其他信息，添加至链表结构中，添加算法可以使用伪代码描述如下：

算法 9-1. 三段式链表组合算法.

输入：超图中的点线数据

输出：三段式链表结构

```
For each hyperedge in hypermap
{
    Create nodelist3 for each hyperedge
    Add (head);
    Add (head);
```

```
        For each node in Middle
        {
            Add（node）；
        }
        Add（tail）；
        Add（tail）；
    }
```

上述算法中，hypermap 表示所需可视化的超图，hyperedge 为超图中的超边，nodelist3 为对应该条超边的三段式链表结构，head、tail 分别为首尾节点，Middle 表示该条超边中的中间节点。

三段式链表结构建立完毕，由于在该链表中，第一段和第三段中的内容存在重复，而第二段中的内容不存在重复，因此本章称之为"三段式链表"。

9.5.2　计算超边曲线插值点

在将超图中超边所涉及的节点组合为三段式链表结构后，借鉴 Catmull – Rom 算法，对三段式链表中的所有节点（Node），每次取四个 Node 数据，将这四个 Node 作为 Catmull – Rom 算法的控制点，进行曲线插值计算，获得连续平滑曲线。将三段式链表中的所有节点计算完毕后，整条连续平滑曲线即为该超边的绘制曲线。其详细实施方式为：

将三段式链表中的所有 Node，根据其总 Node 数 N，使用下述伪代码实现：

算法 9-2. 超边连续生成算法.

输入：三段式链表结构

输出：连续插值点序列

```
    For（i = 4; i < = N; i + +）
    {
        P1 = NodeList. get（i - 3）；
        P2 = NodeList. get（i - 2）；
        P3 = NodeList. get（i - 1）；
        P4 = NodeList. get（i）；
        CR（P1，P2，P3，P4）；
    }
```

在上述算法中，CR 算法即为 Catmull – Rom 曲线插值算法。

9.5.3 平滑曲线式可视化的整体绘制流程

本章提出的平滑曲线式超图可视化过程的算法流程图可用图 9-6 表示。

详细步骤可以描述为

1）首先，将超图数据读入程序预置的数据结构中，其中包括节点数据和超边连接数据，将所有超边组织成为超边数组；

2）针对每条超边，假设其包含 N 个节点：

① 假如 $N = 1$，则无需绘制，直接进行下一条超边的绘制；

② 假如 $N = 2$，则使用线段方式绘制，执行步骤 5；

③ 假如 $N = 3$，则执行步骤 3；

3）将超边所涉及的节点进行重新组合，组合为三段式链表；

4）针对三段式链表中的所有控制点，使用 Catmull – Rom 算法进行曲线插值；

5）根据色相环原理，对超图中的该条超边进行着色；

6）使用 OpenGL 图形库中的 GL_LINE_STRIP 模式绘制超边；

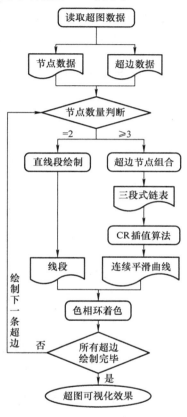

图 9-6　本章提出的超图可视化流程图

7）判断是否超图中的所有超边绘制完毕，如还有超边，则跳至步骤 2，如全部绘制完毕，则算法退出。

9.6　区域包围性超图可视化方法

为进一步提高超图可视化结果的直观性，本章继续提出了一种基于区域的超图可视化方法。该方法将超图中每一条超边所涉及的顶点使用一个闭合区域来表示，整幅超图的可视化过程如下：针对每条超边首先计算超边包围区域的边界曲线；然后使用三角带模式和三角扇模式分别填充绘制对偶子段部分和独立子段部分；最后对各区域进行着色，最终获得其可视化结果。

区域边界计算是获得超边表示区域的关键步骤，其主要过程为：首先根据超边中涉及节点分类为首尾节点和中间节点；针对2类节点分别计算其扩展点；将扩展点重组整理后，使用 Catmull – Rom 算法获得边界曲线。Catmull – Rom 曲线的连续平滑特性可以保证该区域边界的连续平滑性，以获得较好的美观性。

9.6.1　节点扩展点计算

以图9-7为例，首先计算超边中节点的扩展线，对于首尾节点，其扩展线为其与邻接点的连线的垂线，以节点 A 为例，扩展线（如 A_1A_2）的倾斜角计算公式为 $\theta = \alpha + \pi/2$，其中 α 为 AB 连接线段的倾斜角；对于中间节点，其扩展线（如 B_1B_2）为过该节点的连接线角平分线，以节点 B 为例，扩展线的倾斜角计算公式为 $\theta = (\alpha + \beta)/2$，其中，$\alpha$ 为线段 AB 的倾斜角，β 为线段 BC 的倾斜角。

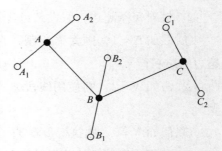

图9-7　超边节点扩展点计算示意图

然后根据所设定的超边区域宽度 W，在扩展线上分别计算出与节点距离为 W 的点，该两点即为当前节点的扩展点，如节点 B 的扩展点为 B_1B_2，节点 A 的扩展点为 A_1A_2，节点 C 的扩展点为 C_1C_2。针对所有节点，扩展点的计算方法如式（9-3）所示：

$$\begin{bmatrix} x_1 & y_1 \\ x_2 & y_2 \end{bmatrix} = \frac{W}{2} \times \begin{bmatrix} \cos\theta & \sin\theta \\ -\cos\theta & -\sin\theta \end{bmatrix} + \begin{bmatrix} x_0 & y_0 \\ x_0 & y_0 \end{bmatrix} \tag{9-3}$$

式中，W 为所设定的包围区域宽度；θ 为扩展线的倾斜角（x_0, y_0）为节点的位置坐标，（x_1, y_1）和（x_2, y_2）分别是该节点的2个扩展点的坐标。

对于涉及节点数为 N 的超边，计算获得的扩展点数应为 $N \times 2$。

9.6.2　节点扩展点同侧归并

每1节点的2个扩展点与超边的位置关系是随机的。以图9-7为例，6个扩展点中有3个扩展点位于超边一侧，另外3个位于另一侧，但无法确定哪3个顶点位于同一侧。

为获得闭合区域边界，需将同侧的扩展点归并至同一个链表中，归并方法如下：

步骤 1：建立 2 条扩展点链，命名为链 L_1 和链 L_2，将超边中首点的 2 个扩展点（如图 6 中 A_1 和 A_2）分别存入链 L_1 和链 L_2 中。

步骤 2：判断链 L_1 和链 L_2 中首个扩展点与超边的位置关系，位置关系的计算方法如式（9-4）所示：

$$P = \begin{cases} f_1, & -1 < k < 1 \\ f_2, & \text{其他} \end{cases} \tag{9-4}$$

式中，k 为 AB 线段的斜率；f_1 和 f_2 的计算方法如式（9-5）和式（9-6）所示：

$$f_1 = (y_N - y_B) - \frac{y_B - y_A}{x_B - x_A} \times (x_N - x_B) \tag{9-5}$$

$$f_2 = (x_N - x_B) - \frac{x_B - x_A}{y_B - y_A} \times (y_N - y_B) \tag{9-6}$$

(x_N, y_N) 为当前需判断的扩展点的坐标，(x_A, y_A)，(x_B, y_B) 分别为 AB 两点的坐标。

扩展点与超边的位置关系判断方法如图 9-8 所示，位置关系标志 P 符号相等的扩展点，可以判断为位于超边同一侧。

步骤 3：将扩展点链中首个扩展点的位置关系标志 P 作为该扩展点链的位置关系标志。

步骤 4：判断下一节点的扩展点与超边的位置关系，根据位置关系标志 P，将下一节点加入到符号位置关系标志相同的扩展点链中。

步骤 5：循环执行位置关系判断，并加入相应的扩展点链中，直至最后一个节点。

对于每一条超边，归并后将获得 2 条扩展点链，如图 9-9 所示．图中 $A_1 B_1 C_2$ 为一条链，$A_2 B_2 C_1$ 为另一条链。

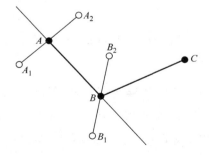

图 9-8　超边扩展点与超边位置判断示意图

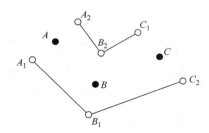

图 9-9　超边节点扩展点归并结果示意图

9.6.3　超边区域边界曲线计算

为便于连续使用 Catmull – Rom 算法进行插值获得闭合曲线,需对这 2 条扩展点链进行重组,重组结果为 2 个控制点数组。重组方法如下:

步骤 1:创建 2 个空的控制点数组,命名为 S_1 和 S_2,读入第 2.1.2 节中通过扩展点同侧归并所生成的扩展点链 L_1 和 L_2。

步骤 2:基于链 L_2 中的第 2 个扩展点(如图 9-10 中 B_2)建立控制点,将位置信息赋值给新建控制点,并将该控制点存入数组 S_1。

步骤 3:基于链 L_2 中的第 2 个扩展点(如图 9-10 中 A_2)建立控制点,将位置信息赋值给新建控制点,并将该控制点存入数组 S_1。

步骤 4:针对 L_1 的所有扩展点,依次为其建立控制点,并顺序存入数组 S_1,如图 9-10 中 A_1,B_1,C_2。

步骤 5:基于 L_2 链中的最后 1 个扩展点(如图 9-10 中 C_2)建立控制点,将位置信息赋值给新建控制点,并将该控制点存入数组 S_1。至此,控制点数组 S_1 重组完毕。S_1 所包含的控制点及其顺序如图 9-10 方向线所示,其中实线部分将获得插值点,虚线部分无法获得插值点。

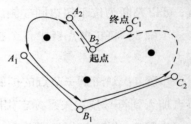

图 9-10　扩展点重组原理示意图 1

步骤 6:基于 L_1 的第 1 个扩展点(如图 9-11 中 A_1)建立控制点,将位置信息赋值给新建控制点,并将该控制点存入数组 S_2。

步骤 7:针对 L_2 的所有扩展点,依次为其建立控制点,并顺序存入数组 S_2,如图 9-11 中 A_2,B_2,C_2。

步骤 8:基于 L_1 的最后 1 个扩展点(如图 9-11 中 C_1)建立控制点,将位置信息赋值给新建控制点,并将该控制点存入数组 S_2。

步骤 9:基于 L_1 的倒数第 2 个扩展点(如图 9-11 中 B_1)建立控制点,将位置信息赋值给新建控制点,并将该控制点存入数组 S_2。至此,控制点数组 S_2 重组完毕。S_2 所包含的控制点及其顺序如图 9-11 方向线所示,其中实线部分将获得插值点,虚线部分无法获得插值点。

对于涉及节点数为 N 的超边,每侧扩展点链的元素数也为 N,重组后每个控制点数

组的元素数为 $N+3$。重组后的两控制点数组能够直接应用于 Catmull – Rom 算法。

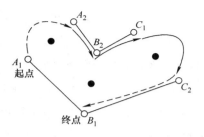

图 9-11　扩展点重组原理示意图 2

两控制点数组将直接用于 Catmull – Rom 算法的连续实现，基于控制点数组 S_1 和 S_2 分别进行 Catmull – Rom 计算所获得的曲线如图 9-10 和图 9-11 中的实线部分，这 2 条曲线正好能组合成一个闭合环，该闭合环就是闭合区域的边界曲线。

9.6.4　闭合区域分段填充

闭合区域的边界曲线平滑穿过所有扩展点，以扩展点为分割点，边界被划分为多个子段，这些子段有些在超边两侧对称存在，有些是跨超边两侧独立存在。本章中，两侧对称的子段称为对偶子段，跨两侧的子段称为独立子段，独立子段位于超边的首末端位置。

如图 9-12 所示，图中超边的扩展点为 A_1，B_1，C_2，A_2，B_2，C_1 6 个点，区域边界曲线包含（A_1B_1，A_2B_2）和（B_2C_1，B_1C_2）2 个对偶子段，以及 A_1A_2，C_1C_2 2 个独立子段。

对于拥有 N 个节点的超边，将拥有 $2\times(N-1)$ 个对偶子段和 2 个独立子段。

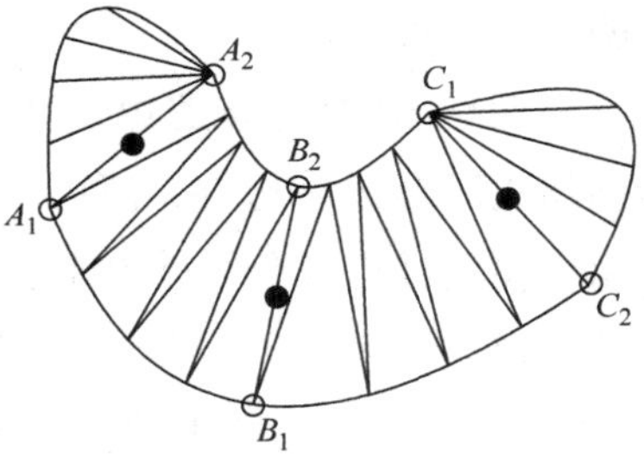

对于对偶子段，将两子段中的插值点进行交叉间隔存储，以便于三角带模式绘制。以图 9-12 为例，首先将（A_1B_1，A_2B_2）对偶子段以图示方式进行交叉存储；同理，（B_2C_1，B_1C_2）子段也首先进行交叉存储。对于独立子段，直接使用三角扇模式进行绘制。

图 9-12　超边区域填充原理示意图

9.6.5　区域包围式可视化的整体流程

本章区域包围式可视化的整体流程如图 9-13 所示，算法具体过程可描述如下：

步骤 1：将超图数据读入程序预置的数据结构中。

步骤 2：针对每一条超边，假设其包含 N 个节点，将每个节点根据式（1）计算各节点的扩展点，最终获得 $2N$ 个扩展点。

步骤 3：将 2N 个扩展点根据式（2）判定其与超边的位置关系，并根据判定结果归并为 2 条扩展点链。

步骤 4：基于 2 条扩展点链重组生成 2 个控制点数组，用于连续 Catmull – Rom 算法。

步骤 5：通过连续 Catmull – Rom 算法实现连续曲线插值，获得超边表示的闭合区域的边界曲线。

步骤 6：将闭合区域的边界曲线分类为对偶子段和独立子段，并对每一组对偶子段的插值点进行交叉存储。

步骤 7：根据色相环原理，对超图中的该条超边进行着色。

步骤 8：针对每条超边，使用折线绘制超边闭合区域边界，使用三角带、三角扇模型进行闭合区域填充绘制，获得其可视化结果。

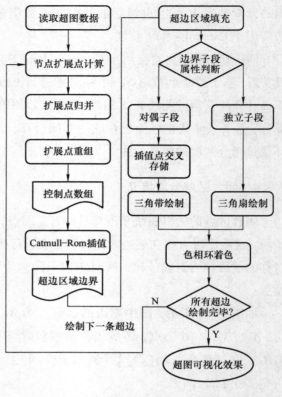

图 9-13　本章提出的超图可视化方法流程图

步骤 9：判断超图中的所有超边是否绘制完毕，如还有超边，转 Step2，直至全部绘制完毕。

其中，闭合区域边界计算过程如下：

步骤 1：针对一条超边，根据超边中节点所在位置分类为首尾节点和中间节点。

步骤 2：将超边沿其走势方向的垂线方向向两侧扩展，获得超边节点所对应的扩展点。

步骤 3：根据扩展点与超边的位置关系，归并为 2 条扩展点链。

步骤 4：将归并后的 2 条扩展点链进行控制点重组，用于分段连续 Catmull – Rom 插值。

步骤 5：设置平滑度参数，以控制点数组中的顶点为参数，使用 Catmull – Rom 算法连接所有扩展点，从而获得超边区域的边界曲线。

闭合区域式可视化结果的绘制过程如下：

步骤1：对超边区域的边界曲线，基于曲线段与节点间的位置关系进行属性判断，分类为对偶子段和独立子段。

步骤2：针对每一组对偶子段中的2条曲线段，将其所包含的插值点进行交叉存储，以便于后期绘制。

步骤3：将对偶子段设置为三角带绘制模式，将独立子段设置为三角扇绘制模式，等待绘制过程。

步骤4：各子段绘制结果将共同组合成一条超边区域的填充效果。

闭合区域着色过程如下：

步骤1：根据色相环原理建立色相环颜色表。

步骤2：基于每条超边在超图中的顺序编号计算色相相位角，将所有超边的颜色均匀分布在颜色轮上。

步骤3：根据相位角在颜色表中选取超边的颜色，并对超边进行着色，超边颜色的均匀分布可以增强同一超图中不同超边的区分度。

9.7　超边区域着色

为加强超图中各条超边的区分度，本章根据色相环原理，根据色相环上相位角与视觉区分度的关系均匀分配相位选取颜色，为每一条超边的表示区域进行着色。

根据人眼对颜色的辨识，现实世界中的颜色可以表达为24种基本的色相及色相间的中间过渡色，这种表达形式称为"二十四色相环"，二十四色相环所表达的24种颜色平均分布在一个圆的0～360°位置，相位差越大的2种颜色在视觉上的区分度也越大。

在二十四色相环上所表达的颜色，相位相邻的颜色称为邻近色，相位相对的颜色称为对比色。在色相环上，相位差越大的两种颜色，在视觉上的区分度也越大。

根据超图中超边的条数，使用24色相环中的颜色和透明度标识，组合出多种颜色，自动各条超边添加颜色，从而更好地区分是否属于同一条超边。超边颜色的设置方法如式（9-7）所示，当超图中所需绘制的超边的总条数大于24条时，通过使用颜色透明度进行区分，计算方法如式（9-8）所示，

$$k = \begin{cases} i \times \dfrac{24}{c} & ,c \leqslant 24 \\ i\%24 & ,c > 24 \end{cases} \qquad (9\text{-}7)$$

$$\alpha = \begin{cases} 0.7 & ,c \leqslant 24 \\ i/c & ,c > 24 \end{cases} \qquad (9\text{-}8)$$

式中，c 为当前超图中所需绘制的超边的总条数，亦即所需进行标注的总颜色数；i 为超边在超图数据中的索引数，所得结果 k 为颜色的 RGB 值取自于"二十四色相环"中的哪一种颜色，结果 α 为颜色的透明度值。

通过这种方法计算出来的颜色值，能够保证使超图中的超边，颜色的视觉差别达到最大，从而使各超边的绘制结果具备最大的区分度。

9.8　实验结果与分析

基于本章的算法思想，已经实现了基于 Catmull – Rom 算法的平滑曲线式和区域包围式超图可视化方法，硬件平台为 Intel Core i5 2410M 2.3GHz CPU，4GB 内存和 AMD Radeon 6630M 显卡。

9.8.1　超边可视化效果

图 9-14 所示为常规的线段方式表示超边的效果图。在该例中，读入的节点数为 11 个，超边数为 3 条，每条超边所涉及的节点数量依次为 5、4、4。

图 9-15 所示为针对同一个超图，以本章的平滑曲线式可视化算法实现的超边绘制效果图，Catmull – Rom 插值过程的插值点数设置为 10，节点绘制大小设置为 8 像素，超边线宽设置为 5 像素，根据色相环着色方式，计算获得的三条超边颜色分别为 $(251,255,6)$、$(45,30,157)$、$(255,8,91)$。

图 9-16 所示为针对同一个超图，采用本章区域包围式可视化算法实现的超边效果图。区域边界的 Catmull – Rom 算法过程的插值点数设置为 10，节点绘制大小设置为 8 像素，超边边界线宽设置为 5 像素，根据色相环着色方式，计算获得的 3 条超边颜色 RGB 值分别为 $(251, 255, 6)$，$(45, 30, 157)$ 和 $(255, 8, 91)$。

图 9-17 所示为本章中平滑曲线式超图可视化方法的另一个可视化效果。从对照结果中可以看出，平滑曲线式超边能够比常规画法更能清晰地表达出哪一些节点属于同

一条超边。

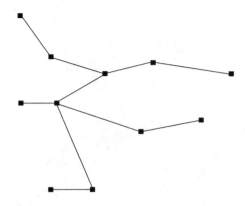

图 9-14　常见线段式对比超图可视化效果

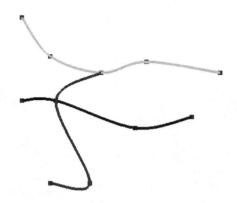

图 9-15　本章平滑曲线式超图可视化效果

（彩图见插页）

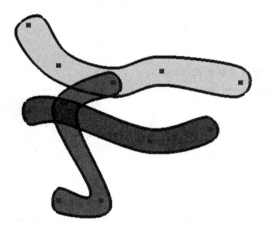

图 9-16　本章区域包围式超图可视化结果

（彩图见插页）

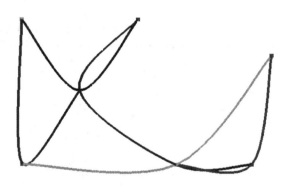

图 9-17　本章平滑曲线式超图可视化效果

（彩图见插页）

　　图 9-18 所示为针对同一个超图，使用本章提出的区域包围式的超边可视化方法可视化效果，针对其他的超图数据所获得的绘制结果，通过结构可以看出，本章方法能清晰地表达超边的存在及所包含的节点。

9.8.2　平滑曲线式可视化算法复杂度分析

　　绘制时间复杂度是体现算法可行性与性能的一个重要指标，本章所提出的平滑曲线式可视化算法其复杂度主要与超边中所包含的节点数相关，因此针对不同复杂度的超图进行实验。表9-1是针对平滑曲线式超边的各个计算与绘制过程所得出的统计数据。

图 9-18　本章区域包围式超图可视化结果
（彩图见插页）

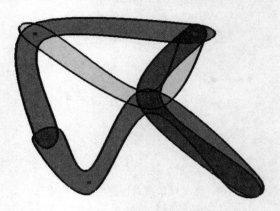

图 9-19　本章区域包围式超图可视化结果
（彩图见插页）

表 9-1　平滑曲线式超边计算与绘制时间（ms）

节点数/超边数	数据读取	超边计算	超边绘制
11/3	0.626195	0.054839	2.247737
37/10	1.075609	0.196843	2.453841
55/15	1.371319	0.330771	2.601638
74/30	2.095678	0.610331	3.147421

表9-1中数据所对应的实验中，针对存在于超边中的节点数对各步骤的时间耗费进行统计，每次实验以50次计算和绘制为一组，获取其执行时间平均值。实验数据表明，对于普通规模的超图可视化，所需要总时间可以保持在10ms以内，能够提供很高的可视化效率。根据表9-1中的数据所得出的时间复杂度趋势曲线如图9-20所示。

9.8.3　区域包围式可视化算法复杂度分析

本章提出的区域包围式可视化方法由数据读取、区域边界计算、区域填充、超边着色、超边绘制五部分组成．算法复杂度分析如下：

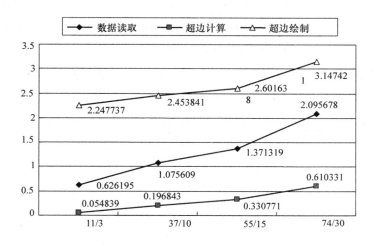

图 9-20　各步骤的运行时间随节点/超边数量变化的关系图

1）数据读取部分中，其算法复杂度与数据规模成线性正比关系。

2）闭合区域边界曲线的各计算步骤均是针对超边中的每个节点进行计算，因此其算法复杂度均与超边中所涉及的节点数量成正比。对于整幅超图来说，区域边界计算过程的总算法复杂度与超图中所有超边涉及的节点数量成正比，假如一个节点存在于多条超边中，则应重复计算。对于 Catmull – Rom 算法，其算法复杂度还与设置的曲线段插值点数成正比。

3）区域填充计算分为边界子段属性判断、插值点交叉存储和绘制模式设置 3 步，与区域边界计算过程相同，这些步骤也是针对超边中的每个节点进行计算，因此算法复杂度与整幅超图中所有超边涉及的节点数量成正比。

4）超边着色过程其算法复杂度与超边条数成正比。超边绘制过程中，超边区域边界的算法复杂度与边界的总点数成正比，区域填充绘制的算法复杂度与区域面片数成正比，这两点都与超图中所有超边涉及的节点数、曲线段插值点数有关。

9.9　结论

为解决超图表示中超边表示不直观、表达不清晰的问题，本章分别提出了一种基于 Catmull – Rom 算法的平滑曲线式和区域包围式超图可视化方法，为超图的绘制提供了两种直观、有效、快速的可视化方法。本章的方法中，在加载超图数据后，分别使用 Catmull – Rom 算法进行曲线插值，在平滑曲线式方法中将平滑曲线作为超边中节点的连接线，在区域包围式方法中将平滑曲线作为包含超边节点的闭合区域的边界线。通过颜色轮的视觉原理，对表示超边的曲线或区域进行着色，增强超边的区分性。实验结果说明，本章提出的方法，可以实现快速的直观的超图可视化效果。

参 考 文 献

［1］ 孟小峰，慈祥．大数据管理：概念、技术与挑战［J］．计算机研究与发展，2013，50（1）：146 – 169.

［2］ McKinsey. Global Institute May 2011 Big data：The next frontier for innovation，competition，and productivity［OL］. http：//www. cni. org/news/mckinsey – global – institute – big – data – report/.

［3］ NEUMANN P，TANG A，CARPENDALE S. A Framework for Visual Information Analysis［R］. Technical Report 2007 – 87123，University of Calgary，Calgary，AB，Canada，July 2007.

［4］ WATTENBERG M. A note on space – filling visualizations and space – filling curves［C］. In Proceedings of the 2005 IEEE Symposium on Information Visualization（INFOVIS' 05），2005.

［5］ HURTER C，ERSOY O，TELEA A. Graph bundling by kernel density estimation［J］. Computer Graphics Forum，2012，31（3）：865 – 874.

［6］ GHANI SOHAIB，BUM CHUL KWON，SEUNGYOON LEE，et al. Visual Analytics for Multimodal Social Network Analysis：A Design Study with Social Scientists［J］. IEEE Transactions on Visualization and Computer Graphics，2013，19（12）：2032 – 2041.

［7］ 张昕，袁晓如．树图可视化［J］．计算机辅助设计与图形学学报，2012，24（9）：1113 – 1124.

［8］ JONH LAMPING，RAMANA RAO. The Hyperbolic Browser：A Focus 1 Context Technique for Visualizing Large Hierarchies［J］. Journal of Visual Languages and Computing，1996（7）：33 – 55.

［9］ SALLABERRY A，FU Y C，HO H C，et al. Correction：Contact Trees：Network Visualization beyond Nodes and Edges［J］. Plos One，2016，11（1）.

［10］ KERR B. THREAD ARCS：An Email Thread Visualization［C］// IEEE Conference on Information Visualization. DBLP，2003：211 – 218。

［11］ SONG H，KIM B，LEE B，et al. A comparative evaluation on tree visualization methods for hierarchical structures with large fan – outs［C］// International Conference on Human Factors in Computing Systems. 2010：223 – 232.

［12］ PLOEG A. Drawing non – layered tidy trees in linear time［M］. New Jersey：John Wiley & Sons，Inc. 2014.

［13］ JOHN LAMPING，RAMANA RAO. Visualizing large trees using the hyperbolic browser［C］// Conference Companion on Human Factors in Computing Systems，Apri，1996.

［14］ SCHULZ HJ，HADLAK S，SCHUMANN H. The design space of implicit hierarchy visualization：A survey［J］. IEEE Trans. on Visualization and Computer Graphics，2011，17（4）：393 – 411.

[15] URRIBARRI D K, CASTRO S M, MARTIG S R. Gyrolayout: A Hyperbolic Level – of – Detail Tree Layout [J]. Journal of Universal Computerence, 2013, 19 (1): 132 – 156.

[16] LOTT S C, VOß B, HESS W R, et al. CoVennTree: a new method for the comparative analysis of large datasets [J]. Front Genet, 2015 (6): 43.

[17] TAK S, COCKBURN A. Enhanced Spatial Stability with Hilbert and Moore Treemaps [J]. IEEE Transactions on Visualization & Computer Graphics, 2013, 19 (1): 141 – 148。

[18] J. STASKO, E. ZHANG. Focus + context display and navigation techniques for enhancing radial, space – filling hierarchy visualizations [J]. IEEE Info Vis, 2000: 57 – 64.

[19] JOHNSON B, SHNEIDERMAN B. Tree – maps: A space – filling approach to the visualization of hierarchical information structures [C] //Visualization 1991, IEEE Conference: 284 – 291.

[20] BALZER M, DEUSSEN O. Voronoi treemaps. Proc. of the 2005 IEEE Symp. on Information Visualization (INFOVIS 2005) [J]. Washington: IEEE Computer Society, 2005: 7 – 14.

[21] BERGA M D, SPECKMANNA B, WEELEB V V D. Treemaps with Bounded Aspect Ratio [M]. Algorithms and Computation. Berlin: Springer, 2011: 260 – 270.

[22] DAVID A, CHARLES H, ANTOINE L, et al. GosperMap: Using a Gosper Curve for Laying out Hierarchical Data [J]. IEEE Transactions on Visualization & Computer Graphics, 2013, 19 (11): 1820 – 1832.

[23] YANG Y, ZHANG K, WANG J, et al. Cabinet Tree: an orthogonal enclosure approach to visualizing and exploring big data [J]. Journal of Big Data, 2015, 2: 15 (1): 1 – 18.

[24] LAM H C, DINOV I D. Hyperbolic Wheel: A Novel Hyperbolic Space Graph Viewer for Hierarchical Information Content [J]. Isrn Computer Graphics, 2012 (6): 487 – 493.

[25] MICHAEL GLUECK, PETER HAMILTON. PhenoBlocks: Phenotype Comparison Visualizations [J]. IEEE Transactions on Visualization and Computer Graphics, 2016, 22 (1): 101 – 110.

[26] ZHAO S, MCGUFFIN M J, CHIGNELLL M H. Elastic hierarchies: combining treemaps and node – link diagrams [C] //IEEE Symposium on Information Visualization, 2005.

[27] SUSANNE JÜRGENSMANN, HANS – JÖRG SCHULZ. A Visual Survey of Tree Visualization [C] // IEEE Information Visualization Conference, 2010.

[28] SCHULZ H J. Treevis. net: A Tree Visualization Reference [J]. IEEE Computer Graphics & Applications, 2011, 31 (6): 11 – 15.

[29] HUANG M L, HUANG T H, ZHANG J. TreemapBar: Visualizing Additional Dimensions of Data in Bar Chart [C] // International Conference Information Visualisation. IEEE Computer Society, 2009: 98 – 103.

［30］ KOBAYASHI A, MISUE K, TANAKA J. Edge Equalized Treemaps ［J］. IEEE Computer Society, 2012：7 – 12.

［31］ BISSON G, BLANCH R. Stacked trees：a new hybrid visualization method ［C］// International Working Conference on Advanced Visual Interfaces. 2012：709 – 712.

［32］ SCHULZ H J, AKBAR Z, MAURER F. A Generative Layout Approach for Rooted Tree Drawings ［C］// IEEE Pacific. IEEE, 2013：225 – 232.

［33］ SADEGHI J, PERIN C, FLEMISCH T, et al. Flexible Trees：Sketching Tree Layouts ［C］// The International Working Conference. 2016：84 – 87.

［34］ KEIM D A, KRIEGEL H P. Visualization Techniques for Mining Large Databases：A Comparison ［J］. IEEE Transactions on Knowledge & Data Engineering：(S1041 – 4347). 1996, 8 (6)：923 – 938.

［35］ 任磊, 杜一, 马帅, 等. 大数据可视分析综述 ［J］. 软件学报, 2014 (9)：1909 – 1936.

［36］ AHLBERG C, SHNEIDERMAN B. Visual Information Seeking：Tight Coupling of Dynamic Query Filters with Starfield Displays ［C］// Proceedings, Conference on Human Factors in Computing Systems, CHI 1994, Boston, Massachusetts, USA. 1994：7 – 13.

［37］ WARD M O. XmdvTool：integrating multiple methods for visualizing multivariate data ［C］// Conference on Visualization. USA：IEEE Computer Society Press, 1994：326 – 333.

［38］ N. ELMQVIST, P. DRAGICEVIC, J. D. FEKETE. Rolling the dice：Multi – dimensional visual exploration using scatter plot matrix navigation ［J］. IEEE Trans. Vis. Comput. Graph. , 2008, 14 (6)：1539 – 1148.

［39］ TATU A, ALBUQUERQUE G, EISEMANN M, et al. Automated Analytical Methods to Support Visual Exploration of High – Dimensional Data ［J］. IEEE Transactions on Visualization and Computer Graphics, 2011, 17 (5)：584 – 597.

［40］ 孙扬, 封孝生, 唐九阳, 等. 多维可视化技术综述 ［J］. 计算机科学, 2008, 35 (11)：1 – 7.

［41］ JORGE POCO, ARITRA DASGUPTA, YAXING WEI, et al. Similarity Explorer：A Visual Inter – Comparison Tool for Multifaceted Climate Data ［C］// Eurographics Conference on Visualization (EuroVis), 2014：341 – 350.

［42］ HOFMANN H, VENDETTUOLI M. Common Angle Plots as Perception – True Visualizations of Categorical Associations ［J］. IEEE Transactions on Visualization and Computer Graphics, 2013, (19)：2297 – 2305.

［43］ G. ELLIS, A. DIX. A taxonomy of clutter reduction for information visualization ［J］. IEEE Transactions on Visualization and Computer Graphics, 2007, 13 (6)：1216 – 1223.

［44］ XIAORU YUAN, MINH X. NGUYEN, BAOQUAN CHEN, et al. HDR VolVis：High Dynamic Range

Volume Visualization [J]. IEEE Transactions on Visualization And Computer Graphics, 2006, 12 (4): 433 – 445.

[45] 孙扬, 唐九阳, 汤大权, 等. 改进的多变元数据可视化方法 [J]. 软件学报, 2010 (6): 1462 – 1472.

[46] G. IVOSEV, L. BURTON, R. BONNER. Dimensionality reduction and visualization in principal component analysis [J]. Analytical Chemistry, 2008, 80 (13): 4933 – 4944.

[47] ZHICHENG LIU, BIYE JIANG, JEFFREY HEER. Im Mens: Real – time Visual Querying of Big Data [J]. Computer Graphics Forum (Proc. EuroVis), 2013, 32 (3).

[48] 陈晓慧, 万刚, 张伟, 等. 面向叙事结构的地理空间情报可视分析方法 [J]. 测绘科学技术学报, 2017, 34 (01): 85 – 90.

[49] FAN X, PENG Y, ZHAO Y, et al. A Personal Visual Analytics on Smartphone Usage Data [J]. Journal of Visual Languages & Computing, 2017.

[50] HUANG X, ZHAO Y, MA C, et al. TrajGraph: A Graph – Based Visual Analytics Approach to Studying [J]. IEEE Transactions on Visualization and Computer Graphics, 2016, 22 (1): 160.

[51] BERTINI E, HERTZOG P, LALANNE D. SpiralView: Towards Security Policies Assessment through Visual Correlation of Network Resources with Evolution of Alarms [C] // Visual Analytics Science and Technology, 2007. VAST 2007. IEEE Symposium on. IEEE, 2007.

[52] ZHAO J, FORER P, HARVEY A S. Activities, ringmaps and geovisualization of large human movement fields [J]. Information Visualization, 2008, 7 (3 – 4): 198 – 209.

[53] SHIROI S, MISUE K, TANAKA J. ChronoView: Visualization Technique for Many Temporal Data [C] // International Conference on Information Visualisation. IEEE, 2012: 112 – 117.

[54] DRAGICEVIC P. SpiraClock: a continuous and non – intrusive display for upcoming events [C] // CHI'02 Extended Abstracts on Human Factors in Computing Systems. ACM, 2002: 604 – 605.

[55] KEIM D A, SCHNEIDEWIND J, SIPS M. CircleView: a new approach for visualizing time – related multidimensional data sets [C] // Working Conference on Advanced Visual Interfaces. ACM, 2004: 179 – 182.

[56] 贾若雨, 曾昂, 朱敏, 等. 面向在线交易日志的用户购买行为可视化分析 [J]. 软件学报, 2017, 28 (9): 2450 – 2467.

[57] SHEN Q, WU T, YANG H, et al. NameClarifier: A Visual Analytics System for Author Name Disambiguation [J]. IEEE Transactions on Visualization and Computer Graphics, 2017, 23 (1): 141.

[58] AL – DOHUKI S, WU Y, KAMW F, et al. SemanticTraj: A New Approach to Interacting with Massive Taxi Trajectories [J]. IEEE Transactions on Visualization and Computer Graphics, 2017, 23 (1): 11 –

20.

［59］ MALIK A, MACIEJEWSKI R, TOWERS S, et al. Proactive Spatiotemporal Resource Allocation and Predictive Visual Analytics for Community Policing and Law Enforcement ［J］. IEEE Transactions on Visualization and Computer Graphics, 2014, 20 (12): 1863 – 1872.

［60］ XU P, MEI H, LIU R, et al. ViDX: Visual Diagnostics of Assembly Line Performance in Smart Factories ［J］. IEEE Transactions on Visualization and Computer Graphics, 2016, 23 (1): 291 – 300.

［61］ SHI X, YU Z, CHEN J, et al. The visual analysis of flow pattern for public bicycle system ［J］. Journal of Visual Languages & Computing, 2017.

［62］ WU Y, PITIPORNVIVAT N, ZHAO J, et al. EgoSlider: Visual Analysis of Egocentric Network Evolution ［J］. IEEE Transactions on Visualization and Computer Graphics, 2016, 22 (1): 260 – 269.

［63］ SLOCUM TA, MCMASTER RB, KESSLER FC, et al. Thematic cartography and geographic visualization ［M］. 3rd ed. London: Pearson Education, 2009.

［64］ LEE B, RICHE NH, KARLSON AK, et al. Sparkclouds: visualizing trends in tag clouds ［J］. IEEE Transactions on Visualization and Computer Graphics, 2010, 16 (6): 1182 – 1189.

［65］ MALIK A, MACIEJEWSKIET R, JANG Y, HUANG W. A correlative analysis process in a visual analytics environment ［C］// Proceedings of the IEEE conference on visual analytics science and technology (VAST' 12), 2012: 33 – 42.

［66］ LANDESBERGE TV, BREMM S, ANDRIENKO N, et al. Visual analytics methods for categoric spatiotemporal data ［C］// Proceedings of the IEEE conference on visual analytics science and technology (VAST' 12), 2012: 183 – 192.

［67］ CORNEC O, VUILLEMOT R. Visualizing the Scale of World Economies ［J］. IEEE Info Vis, 2015.

［68］ CHEN H, CHEN W, MEI H, et al. Visual Abstraction and Exploration of Multi – class Scatterplots ［J］. IEEE Transactions on Visualization and Computer Graphics, 2014, 20 (12): 1683 – 92.

［69］ PAHINS C A L, STEPHENS S A, SCHEIDEGGER C, et al. Hashedcubes: Simple, Low Memory, Real – Time Visual Exploration of Big Data ［J］. IEEE Transactions on Visualization and Computer Graphics, 2017, 23 (1): 671 – 680.

［70］ 陈为, 朱标, 张宏鑫. BN – Mapping: 基于贝叶斯网络的地理空间数据可视分析 ［J］. 计算机学报, 2016, 39 (7): 1281 – 1293.

［71］ RAE A. From spatial interaction data to spatial interaction information, Geovisualisation and spatial structures of migration from the 2001 UK census ［J］. Computers Environment & Urban Systems, 2009, 33 (3): 161 – 178.

［72］ ANDRIENKO N, ANDRIENKO G. Visual Analytics of Movement: An Overview of Methods, Tools and

Procedures [J]. Information Visualization, 2013, 12 (1): 3 – 24.

[73] GUO D, ZHU X. Origin – Destination Flow Data Smoothing and Mapping [J]. Transactions on Visualization and Computer Graphics, 2014, 20 (12): 2043 – 2052.

[74] COLLINS C, PENN G, CARPENDALE S. Bubble Sets: Revealing Set Relations with Isocontours over Existing Visualizations [J]. IEEE Transactions on Visualization and Computer Graphics, 2009, 15 (6): 1009 – 1016.

[75] KEIM D A, PANSE C, NORTH S C. Medial – axis – based cartograms [J]. Computer Graphics & Applications IEEE, 2005, 25 (3): 60 – 68.

[76] GASTNER M, SHALAZI, C, NEWMAN, M. Maps and cartograms of the 2004 US presidential election results [J]. Advances in Complex Systems, 2005, 8 (1): 117 – 123.

[77] HEILMANN R, KEIM D A, PANSE C, et al. RecMap: Rectangular Map Approximations [C] // IEEE Information Visualization, 2004: 33 – 40.

[78] MANSMANN F, KEIM D A, NORTH S C, et al. Visual Analysis of Network Traffic for Resource Planning, Interactive Monitoring and Interpretation of Security Threats [J]. IEEE Transactions on Visualization and Computer Graphics, 2007, 13 (6): 1105 – 1112.

[79] WOOD J, DYKES J. Spatially Ordered Treemaps [J]. IEEE Transactions on Visualization and Computer Graphics. 2008: 1348 – 1355.

[80] JERN M, ROGSTADIUS J, Astrom T. Treemaps and Choropleth Maps Applied to Regional Hierarchical Statistical Data [C] // Information Visualisation, 2009 13th International Conference, 2009: 403 – 410.

[81] BAUDEL T, BROEKSEMA B. Capturing the Design Space of Sequential Space – Filling Layouts [J]. IEEE, 2012, 18 (12): 2593 – 2602.

[82] AIDAN SLINGSBY, JASON DYKES, JO WOOD. Rectangular Hierarchical Cartograms for Socio – Economic Data [J]. Journal of Maps, 2010, 6 (1): 330 – 345.

[83] BUCHIN K, EPPSTEIN D, FFLER M, et al. Adjacency – preserving spatial treemaps [C] // International Conference on Algorithms and Data Structures. Springer – Verlag, 2011: 159 – 170.

[84] MOHAMMAD GHONIEMA, MAËL CORNILA. Weighted Maps: Location – Aware Treemaps [C] // Conference on Visualization & Data Analysis, 2015.

[85] GHONIEM M, CORNIL M, BROEKSEMA B, et al. Weighted maps: treemap visualization of geolocated quantitative data [C] // Conference on Visualization and Data Analysis. 2015.

[86] WOOD J, BADAWOOD D, DYKES J, et al. BallotMaps: Detecting Name Bias in Alphabetically Ordered Ballot Papers [J]. IEEE Transactions on Visualization and Computer Graphics, 2011, 17 (12):

2384－2391.

[87] EPPSTEIN D, VAN KREVELD M, SPECKMANN B, et al. Improved grid map layout by point set matching [C] // Visualization Symposium. IEEE, 2015：25－32.

[88] WU W, XU J, ZENG H, et al. TelCoVis：Visual Exploration of Co－occurrence in Urban Human Mobility Based on Telco Data [J]. IEEE Transactions on Visualization and Computer Graphics, 2016, 22 （1）：935－944.

[89] GOODWIN S, DYKES J, SLINGSBY A, et al. Visualizing multiple variables across scale and geography [J]. IEEE Transactions on Visualization and Computer Graphics, 2016, 22 （1）：599－608.

[90] CHO I, DOU W, WANG D X, et al. VAiRoma：A Visual Analytics System for Making Sense of Places, Times, and Events in Roman History [J]. IEEE Transactions on Visualization and Computer Graphics, 2016, 22 （1）：210－219.

[91] LI J, XIAO Z, ZHAO H Q, et al. Visual analytics of smogs in China [J]. Journal of Visualization, 2016：1－14.

[92] LU Y, STEPTOE M, BURKE S, et al. Exploring Evolving Media Discourse Through Event Cueing [J]. IEEE Transactions on Visualization and Computer Graphics, 2016, 22 （1）：1－1.

[93] WONG P W, JOHNSON CR, CHEN C, et al. The top 10 challenges in extreme－scale visual analytics [J]. IEEE Computer Graphics and Applications, 2012, 32 （4）：63－67.

[94] 戴国忠, 陈为, 洪文学, 等. 信息可视化和可视分析：挑战与机遇——北戴河信息可视化战略研讨会总结报告 [J]. 中国科学：信息科学, 2013 （01）：178－184.

[95] 袁晓如, 张昕, 肖何, 等, 可视化研究前沿及展望 [J]. 科研信息化技术与应用, 2011, 2 （4）：3－13.

[96] GREEN T M, WILLIAM R, BRIAN F. Visual analytics for complex concepts using a human cognition model [C] //Grinsten G, ed. Proc. of the VAST. Columbus：IEEE Press, 2008：91－98.

[97] DOMINIK SACHA, ANDREAS STOFFEL, FLORIAN STOFFEL, et al, Knowledge Generation Model for Visual Analytics [J]. IEEE Transactions on Visualization and Computer Graphics, 2014, 20 （12）：1604－1613.

[98] MICHAEL GLUECK, PETER HAMILTON, FANNY CHEVALIER, et al. PhenoBlocks：Phenotype Comparison Visualizations [J]. IEEE Transactions on Visualization and Computer Graphics, 2016, 22 （1）：101－110.

[99] SHENGHUI CHENG, KLAUS MUELLER. The Data Context Map：Fusing Data and Attributes into a Unified Display [J]. IEEE Transactions on Visualization and Computer Graphics, 2016, 22 （1）：121－130.

[100] JUNPENG WANG, XIAOTONG LIU, HAN – WEI SHEN, et al. Multi – Resolution Climate Ensemble Parameter Analysis with Nested Parallel Coordinates Plots [J]. IEEE Transactions on Visualization and Computer Graphics, 2017, 23 (1): 81 – 90.

[101] DONGHAO REN, SALEEMA AMERSHI, BONGSHIN LEE, et al. Squares: Supporting Interactive Performance Analysis for Multiclass Classifiers [J]. IEEE Transactions on Visualization and Computer Graphics, 2017, 23 (1): 61 – 70.

[102] TATIANA VON LANDESBERGER, FELIX BRODKORB, PHILIPP ROSKOSCH, et al. Mobility-Graphs: Visual Analysis of Mass Mobility Dynamics via Spatio – Temporal Graphs and Clustering [J]. IEEE Transactions on Visualization and Computer Graphics, 2016, 22 (1): 11 – 20.

[103] DONGYU LIU, DI WENG, YUHONG LI, et al. SmartAdP: Visual Analytics of Large – scale Taxi Trajectories for Selecting Billboard Locations [J]. IEEE Transactions on Visualization and Computer Graphics, 2017, 23 (1): 1 – 10.

[104] NAN CAO, CONGLEI SHI, SABRINA LIN et al. TargetVue: Visual Analysis of Anomalous User Behaviors in Online Communication Systems [J]. IEEE Transactions on Visualization and Computer Graphics, 2016, 22 (1): 280 – 289.

[105] 王雪, 周炬, 王珊. 混合的大规模数据库自动模式抽象方法 [J]. 计算机学报, 2013, 36 (8): 1616 – 1625.

[106] SOUMYA DUTTA, HAN WEI SHEN. Distribution Driven Extraction and Tracking of Features for Time – varying Data Analysis [J]. IEEE Transactions on Visualization and Computer Graphics, 2016, 22 (1): 837 – 846.

[107] THERESIA GSCHWANDTNER, MARKUS BOGL, PAOLO FEDERICO, et al. Visual Encodings of Temporal Uncertainty: A Comparative User Study [J]. IEEE Transactions on Visualization and Computer Graphics, 2016, 22 (1): 539 – 548.

[108] ZHAO J, COLLINS C, CHEVALIER F, et al. Interactive exploration of implicit and explicit relations in facet datasets [J]. IEEE Transactions on Visualization and Computer Graphics, 2013, 19 (12): 2080 – 2089.

[109] PAULO E. RAUBER, SAMUEL G. FADEL, ALEXANDRE X. FALCAO, et al. Visualizing the Hidden Activity of Artificial Neural Networks [J]. IEEE Transactions on Visualization and Computer Graphics, 2017, 23 (1): 101 – 110.

[110] CONG XIE, WEN ZHONG, KLAUS MUELLER. A Visual Analytics Approach for Categorical Joint Distribution Reconstruction from Marginal Projections [J]. IEEE Transactions on Visualization and Computer Graphics, 2017, 23 (1): 51 – 60.

[111] GARY K. L. TAM, VIVEK KOTHARI, MIN CHEN. An Analysis of Machine - and Human - Analytics in Classification [J]. IEEE Transactions on Visualization and Computer Graphics, 2017, 23 (1): 71 - 80.

[112] STEFFEN HADLAK, HEIDRUN SCHUMANN, CLEMENS H. CAP, et al. Supporting the Visual Analysis of Dynamic Networks by Clustering associated Temporal Attributes [J]. IEEE Transactions on Visualization and Computer Graphics, 2013, 19 (12): 2267 - 2276.

[113] JOHANNES KEHRER, HARALD PIRINGER, WOLFGANG BERGER, et al. A Model for Structure - Based Comparison of Many Categories in Small - Multiple Displays [J]. IEEE Transactions on Visualization and Computer Graphics, 2013, 19 (12): 2287 - 2296.

[114] LEE JH, MCDONNELL KT, ZELENYUK A, et al. A structure - based distancemetric for high - dimensional space exploration with multi - dimensional scaling [J]. IEEE Transactions on Visualization and Computer Graphics, 2014, 20 (3): 351 - 364.

[115] SUJIN JANG, NIKLAS ELMQVIST, KARTHIK RAMANI. MotionFlow: Visual Abstraction and Aggregation of Sequential Patterns in Human Motion Tracking Data [J]. IEEE Transactions on Visualization and Computer Graphics, 2016, 22 (1): 21 - 30.

[116] 雷辉, 陈海东, 徐佳逸, 等. 不确定性可视化综述 [J]. 计算机辅助设计与图形学学报, 2013, 25 (3): 294 - 303.

[117] DASGUPTA A, CHEN M, KOSARA R. Conceptualizing Visual Uncertainty in Parallel CoordinatesComp [J]. ACM Computer Graphics Forum, 2012, 31 (3): 1015 - 1024.

[118] WU Y, YUAN GX, MA KL. Visualizing flow of uncertainty through analytic processes [J]. IEEE Transactions on Visualization and Computer Graphics, 2012, 18 (12): 2526 - 2635.

[119] BENJAMIN BACH, CONGLEI SHI, NICOLAS HEULOT, et al. Time Curves: Folding Time to Visualize Patterns of Temporal Evolution in Data [J]. IEEE Transactions on Visualization and Computer Graphics, 2016, 22 (1): 559 - 568.

[120] ARTHUR VAN GOETHEM, FRANK STAALS, MAARTEN LOFFLER, et al. Multi - Granular Trend Detection for Time - Series Analysis [J]. IEEE Transactions on Visualization and Computer Graphics, 2017, 23 (1): 661 - 670.

[121] STEF VANDENELZEN, DANNY HOLTEN, JORIK BLAAS, et al. Reducing Snapshots to Points: A Visual Analytics Approach to Dynamic Network Exploration [J]. IEEE Transactions on Visualization and Computer Graphics, 2016, 22 (1): 1 - 10.

[122] 李国杰. 大数据研究的科学价值 [J], 中国计算机学会通讯, 2012, 8 (9): 8 - 15.

[123] KEIM D, QU H, MA KL. Big - Data visualization [J]. IEEE Computer Graphics and Applications,

2013，33（4）：20 – 21.

[124] YUAN XR. Big data visualization and visual analysis ［OL］. 2013. http：//www. chinacloud. cn/up-
load/2013 – 12/13122814565172. pdf.

[125] SARA JOHANSSON，JIMMY JOHANSSON. Interactive Dimensionality Reduction Through User – de-
fined Combinations of Quality Metrics ［J］. IEEE Transactions On Visualization And Computer Graph-
ics，2009，15（6）：993 – 1001.

[126] H. ZHOU，W. CUI，H. QU，et al. Splatting the lines in parallel coordinates ［J］. Computer Graphics
Forum，2009，28（3）：759 – 766.

[127] 任磊，王威信，滕东兴，等. 海量层次信息的 Focus + Context 交互式可视化技术 ［J］. 计算机
学报，2008，19（11）：3073 – 3082.

[128] ABELLO J，VAN HAM F，KRISHNAN N. ASK – Graphview：A large scale graph visualization sys-
tem ［J］. IEEE Trans. on Visualization and Computer Graphics，2006，12（5）：669 – 676.

[129] X. YUAN，P. GUO，H. XIAO，et al. Scattering points in parallel coordinates ［J］. IEEE Transac-
tions on Visualization and Computer Graphics（InfoVis' 09），2009，15（6）：1001 – 1008.

[130] BEN SHNEIDERMAN. Extreme Visualization：Squeezing a Billion Records into a Million Pixels ［C］.
ACM SIGMOD' 08，2008，Vancouver，BC，Canada.

[131] LARS LINSEN，JULIA LOCHERBACH，MATTHIAS BERTH，et al. Visual Analysis of Gel – Free
Proteome Data ［J］. IEEE Transactions On Visualization And Computer Graphics，2016，12（4）：
497 – 508.

[132] SLINGSBY A，DYKES J，WOOD J. Exploring uncertainty in geodemographics with interactive graph-
ics ［J］. IEEE Trans. on Visualization and Computer Graphics，2011，17（12）：2545 – 2554.

[133] 任磊. 信息可视化中的交互技术研究 ［D］. 北京：中国科学院研究生院，2009.

[134] PIKE WA，STASKO JT，CHANG R，et al. The science of interaction ［J］. Information Visualization，
2009，8（4）：263 – 274.

[135] CAGATAY TURKAY，AIDAN SLINGSBY，HELWIG HAUSER，et al. Attribute Signatures：Dynamic
Visual Summaries for Analyzing Multivariate Geographical Data ［C］ // IEEE Information Visualiza-
tion，2014.

[136] 任磊，王威信，周明骏，等. 一种模型驱动的交互式信息可视化开发方法 ［J］. 软件学报，
2009，19（08）：1947 – 1964.

[137] REN L，CUI J，DU Y，et al. Multilevel interaction model for hierarchical tasks in information visualiza-
tion ［C］ //Proc. of the VINCI. Tianjin：ACM Press，2013：11 – 16.

[138] CHRISTOPHER ANDREWS，CHRIS NORTH，The Impact of Physical Navigation on Spatial Organi-

zation for Sensemaking [J]. IEEE TVCG (VAST' 13), 2013, 19 (12): 2207 – 2216.

[139] NEESHA KODAGODA, SIMON ATTFIELD, B L WILLIAM WONG, et al. Using Interactive Visual Reasoning to Support Sense – Making: Implications for Design [J]. IEEE Transactions on Visualization and Computer Graphics, 2013, 19 (12): 2217 – 2226.

[140] CHARLES D. STOLPER, ADAM PERER, DAVID GOTZ. Progressive Visual Analytics: User – Driven Visual Exploration of In – Progress Analytics [J]. IEEE Transactions on Visualization and Computer Graphics, 2014.

[141] JAMES WALKER, RITA BORGO, MARK W. JONES. TimeNotes: A Study on Effective Chart Visualization and Interaction Techniques for Time – Series Data [J]. IEEE Transactions on Visualization and Computer Graphics, 2016, 22 (1): 549 – 558.

[142] FILIP DABEK, JESUS J CABAN. A Grammar – based Approach for Modeling User Interactions and Generating Suggestions During the Data Exploration Process [J]. IEEE Transactions on Visualization and Computer Graphics, 2017, 23 (1): 41 – 50.

[143] GRACO W, SEMENOVA T, DUBOSSARSKY E. Toward knowledge – driven data mining [C] // ACM SIGKDD Workshop on Domain Driven Data Mining, 2007: 49 – 54.

[144] CAO L. Domain – driven data mining: Challenges and prospects [J]. IEEE Transactions on Knowledge and Data Engineering, 2010, 22 (6): 755 – 769.

[145] A. MOSAVI. Data mining for decision making in engineering optimal design [J]. Journal of Artificial Intelligence & Data Mining, 2013, 16 (1): 67 – 84.

[146] ARITRA DASGUPTA, JOON – YONG LEE, RYAN WILSON, et al. Familiarity Vs Trust: A Comparative Study of Domain Scientists' Trust in Visual Analytics and Conventional Analysis Methods [J]. IEEE Transactions on Visualization and Computer Graphics, 2017, 23 (1): 271 – 280.

[147] 刘强, 秦泗钊. 过程工业大数据建模研究展望 [J]. 自动化学报, 2016 (02): 161 – 171.

[148] 张学莲, 胡立生, 曹广益, 基于过程数据的动态 PLS 建模 [J]. 系统仿真学报, 2008, 20 (10): 2686 – 2692.

[149] L. E. S. PEREIRA, V. M. DA COSTA. An efficient starting process for calculating interval power flow solutions at maximum loading point under load and line data uncertainties [J]. International Journal of Electrical Power and Energy Systems, 2016.

[150] 陈伟兴, 李少波, 黄海松. 离散型制造物联过程数据主动感知及管理模型 [J]. 计算机集成制造系统, 2016 (01): 166 – 176.

[151] 杜晓婷, 王楠. 基于测试用例链的飞控软件失效复现方法 [C] //2016 中国制导、导航与控制学术会议, 2016.

［152］谢奇峰．某型战车训练复现与评估系统设计［J］．火炮发射与控制学报，2016（02）：73 - 76.

［153］XU S Y, LAM J. Improved Delay - Dependent Stability Criteria for Time - Delay Systems［J］. IEEE Transactions on Automatic Control（S0018 - 9286），2005，50（3）：384 - 387.

［154］董延昊，滕东兴．基于管道隐喻的工作流可视化方法［J］．计算机工程与设计，2013（01）：327 - 332.

［155］王金堂，孙宝江，李昊，等，大位移井旋转套管固井顶替模拟分析［J］．中国石油大学学报：自然科学版，2015，39（3）：89 - 97.

［156］张辉，王雯聪．基于多元统计分析方法研究电视剧收视特征及影响因素［J］．现代传播：中国传媒大学学报，2011（6）：101 - 103，126.

［157］王兰柱．电视剧竞争中的内外兼修［J］．广告人，2007，（2）：107 - 108.

［158］陈楚祥．高新技术产业发展空间统计分析与综合评价系统研制［D］．广州：暨南大学，2015.

［159］BRULS M, HUIZING K, JARKE J, et al. Squarified treemaps［M］. Vienna：Springer Netherlands，2000：33 - 42.

［160］HEER J, CARD S K, LANDAY J A. Prefuse：a toolkit for interactive information visualization［C］//Proceedings of the SIGCHI Conference on Human Factors in Computing Systems. New York：ACM Press，2005：421 - 430.

［161］CHEN W, LAO T, XIA J, et al. GameFlow：narrative visualization of NBA basketball games［J］. IEEE Transactions on Multimedia，2016，18（11）：2247 - 2256.

［162］HAVRE S, HETZLER E, WHITNEY P, et al. ThemeRiver：visualizing thematic changes in large document dollections［J］. IEEE Transactions on Visualization and Computer Graphics，2002，8（1）：9 - 20.

［163］XIE C, CHEN W, HUANG X, et al. VAET：A visual analytics approach for E - transactions time - series［J］. IEEE Transactions on Visualization and Computer Graphics，2014，20（12）：1743 - 1752.

［164］BUCHIN K, SPECKMANN B, VERBEEK K. Flow map layout via spiral trees［J］. IEEE Transactions on Visualization and Computer Graphics，2011，17（12）：2536 - 2544.

［165］杨珂，罗琼，石教英．平行散点图：基于GPU的可视化分析方法［J］．计算机辅助设计与图形学学报，2008（9）：1219 - 1228.

［166］FU S, ZHAO J, CUI W, et al. Visual analysis of MOOC forums with iForum［J］. IEEE Transactions on Visualization and Computer Graphics，2017，23（1）：201 - 210.

［167］ALBO Y, LANIR J, BAK P, et al. Off the radar：comparative evaluation of radial visualization solutions for composite indicators［J］. IEEE Transactions on Visualization and Computer Graphics，2016，

22（1）：569 – 578.

[168] ZHANG J, E Y, MA J, et al. Visual analysis of public utility service problems in a metropolis [J].
IEEE Transactions on Visualization and Computer Graphics, 2014, 20（12）：1843 – 1852.

[169] 杨明刚，刘闻天，高燕沁，等. 高收视率电视剧的地域文化符号解码 [J]. 中国广告，2014
（5）：137 – 140.

[170] 吕琼. 在线考试系统的设计与实现 [D]. 大连：大连理工大学，2013.

[171] 刘增锁，吴敬. 产生式规则在考试评分系统中的应用研究 [J]. 计算机技术与发展，2006, 16
（7）：162 – 164.

[172] 胡世清，程国雄. 基于 Silverlight 防舞弊计算机网络考试系统的研究和实现 [J]. 电化教育研
究，2010, 31（12）：47 – 52.

[173] 朱扬勇，戴东波，熊赟. 序列数据相似性查询技术研究综述 [J]. 计算机研究与发展，2010, 20
（2）：264 – 276.

[174] 刘晓平，季浩，沈冠町. 非线性系统规律的动态可视化方法 [J]. 系统仿真学报，2012, 24
（6）：1287 – 1292.

[175] 夏晓忠，肖宗水，刘志刚，等. 园区网边界流量采样及其可视化研究 [J]. 计算机工程，2008,
34（13）：101 – 103.

[176] QU H, CHAN W Y, XU A, et al. Visual analysis of the air pollution problem in Hong Kong [J].
IEEE Transactions on Visualization and Computer Graphics, 2007, 13（6）：1408 – 1415.

[177] STEED C A, SHIPMAN G, THORNTON P, et al. Practical application of parallel coordinates for cli-
mate model analysis [C] //Proceedings of the International Conference on Computational Science,
2012：877 – 886.

[178] LIAO ZHIFANG, PENG YANNI, et al. A web – based visual analytics system for air quality monito-
ring data [C] //Proceedings of Internationa Conference on Geoinformatics. Geoinfomatics：IEEE,
2014：1 – 6.

[179] ENGEL, DANIEL, et al. Visual steering and verification of mass spectrometry data factorization in air
quality research [J]. IEEE Transactions on Visualization and Computer Graphics, 2012, 18（12）：
2275 – 2284.

[180] 孙国道，胡亚娟，蒋莉，等. 基于城市群的空气质量数据的可视分析方法研究 [J]. 计算机辅
助设计与图形学学报，2017,（01）：17 – 26.

[181] JOHNSON, BRIAN SCOTT, Treemaps：visualizing hierarchical and categorical data [D]. University
of Maryland at College Park. 1993.

[182] M. HOWELL. Filelight [OL], 2007. http：//www. methylblue. com/filelight.

［183］YANG J, WARD M O, RUNDENSTEINER E. Interring: An interactive tool for visually navigating and manipulating hierarchical structures ［C］//Information Visualization, 2002. INFOVIS 2002. IEEE Symposium on. IEEE, 2002: 77 – 84.

［184］CHUAH M C. Dynamic aggregation with circular visual designs ［C］//Information Visualization, 1998. Proceedings. IEEE Symposium on. IEEE, 1998: 35 – 43, 151.

［185］ANDREWS K, HEIDEGGER H. Information slices: Visualising and exploring large hierarchies using cascading, semi – circular discs ［C］//Proc of IEEE Infovis' 98 late breaking Hot Topics. 1998: 9 – 11.

［186］KEIM D, PANSE C, SIPS M, et al. Visual data mining in large geospatial point sets ［J］. Computer Graphics and Applications, 2004, 24 (5): 36 – 44.

［187］WARD M O, GRINSTEIN G, KEIM D. Interactive data visualization: foundations, techniques, and applications ［M］. CRC Press, 2010.

［188］ANITA GRASER. Mapping Density with Hexagonal Grids ［OL］. http: //www. visualizing. org.

［189］CARLIS J V. Interactive visualization of serial periodic data ［C］// ACM Symposium on User Interface Software & Technology. USA: ACM, 2000: 29 – 38.

［190］PLAISANT C, MILASH B, Rose A, et al. LifeLines: visualizing personal histories ［C］// Readings in information visualization. USA: Morgan Kaufmann Publishers Inc. , 1999: 221 – 227.

［191］孙宝国, 王静, 孙金沅. 中国食品安全问题与思考 ［J］. 中国食品学报, 2013 (05): 1 – 5.

［192］张秀玲. 中国农产品农药残留成因与影响研究 ［D］. 无锡: 江南大学, 2013.

［193］冯玉超, 陈谊, 刘莹, 等. 食品中农药残留侦测数据的对比与关联可视分析 ［J］. 系统仿真学报, 2015 (10): 2538 – 2545.

［194］韩丹, 慕静. 基于大数据的食品安全风险分析研究 ［J］. 食品工业科技, 2016, 13: 24 – 28.

［195］许建军, 高胜普. 食品安全预警数据分析体系构建研究 ［J］. 中国食品学报, 2011, 02: 169 – 172.

［196］GASALUCK P. Microbial and heavy metal contamination monitoring of ready – to – eat food in Nakhon Ratchasima Province ［J］. International Journal of Food, Nutrition & Public Health, 2012, 5 (1/2/3): 213 – 223.

［197］梁兰贤, 谢文欣, 孙森, 等. 深圳市食品质量安全抽检数据分析 ［J］. 数学建模及其应用, 2013, 2 (2): 55 – 65, 89.

［198］SHNEIDERMAN B. Readings in information visualization: Using visualization to think ［J］. Journal of Biological Chemistry, 2010, 259 (11): 7191 – 7197.

［199］LIU X, XU A, GOU L, et al. SocialBrands: Visual analysis of public perceptions of brands on social media［C］// Visual Analytics Science and Technology. IEEE, 2017：71 – 80.

［200］GLUECK M, GVOZDIK A, CHEVALIER F, et al. PhenoStacks：Cross – Sectional Cohort Phenotype Comparison Visualizations［J］. IEEE Transactions on Visualization and Computer Graphics, 2016, 23（1）：191 – 200.

［201］LOHMANN S, HEIMERL F, BOPP F, et al. Concentri Cloud：Word cloud visualization for multiple text documents［C］// IEEE International Conference on Information Visualisation, 2015：114 – 120.

［202］杨欢, 李义娜, 张康. 可视化设计中的色彩应用［J］. 计算机辅助设计与图形学学报, 2015, 09：1587 – 1596.

［203］SAWILLA R. A survey of data mining of graphs using spectral graph theory［OL］. http：// www. ottawa. drdc – rddc. gc. ca/docs/e/TM – 2008 – 317 – eng. pdf.

［204］崔阳, 杨炳儒. 超图在数据挖掘领域中的几个应用［J］. 计算机科学, 2010, 37（6）：220 – 222.

［205］王柏, 吴巍, 徐超群, 等. 复杂网络可视化研究综述［J］. 计算机科学 2007, 34（4）：17 – 23.

［206］李丽薇. 基于 HyperMap 的多维数据可视化聚类方法及应用研究［D］. 大连：大连理工大学, 2013.

［207］余肖生, 周宁, 张芳芳. 基于可视化数据挖掘的知识发现模型研究［J］. 中国图书馆学报, 2006, 32（5）：44 – 47.

［208］孙连英, 彭苏萍, 张德政. 基于超图模型的空间数据挖掘［J］. 计算机工程与应用, 2002, 38（11）：30 – 34.

［209］RONG QIAN, KEJUN ZHANG, GENG ZHAO. Hypergraph Partitioning for Community Discovery in Complex Network［C］// 2009 International Conference on Web Information Systems and Mining, Shanghai：IEEE（USA）, 2009, 21：64 – 68.

［210］王桂珍. 基于主题间关联关系的文本可视分析［D］. 杭州：浙江大学, 2012.

［211］WANG GUIZHEN, WEN CHAOKAI, YAN BINGHUI, et al. Topic hypergraph：hierarchical visualization of the matic structures in long documents［J］. Science China（Information Sciences）, 2013, 56（5）：145 – 158.

［212］夏菁, 刘真, 胡越琦, 等. 基于超图的骨生物数据可视化［J］. 计算机辅助设计与图形学学报, 2011, 23（12）：2040 – 2045.

［213］THOMAS ESCHBACH, WOLFGANG GÜNTHER, BERND BECKER. Orthogonal hypergraph drawing for improved visibility［J］. Journal of Graph Algorithms And Applications, 2006, 10（2）：141 – 157.

［214］ 王建方，李东. 超图的路和圈［J］. 中国科学，1998，28（9）：769－778.

［215］ ALPER B, RICHE N H, RAMOS G, et al. Design study of linesets, a novel set visualization technique［J］. IEEE Transactions on Visualization and Computer Graphics, ISSN：(1077－2626), 2011, 17（12）：2259－2267.

［216］ JASON EISNER, MICHAEL KORNBLUH, GORDON WOODHULL, et al. Visual Navigation Through Large Directed Graphs and Hypergraphs［C］// Proceedings of the IEEE Symposium on Information Visualization. Los Alamitos, USA：IEEE Computer Society Press, 2006：116－117.

［217］ CHIMANI M, GUTWENGER C. Algorithms for the hypergraph and the minor crossing number problems［C］// Proceedings of the 18th International Conference on Algorithms and Computation. Heidelberg：Springer, 2007：184－195.

［218］ BRANDES U, CORNELSEN S, PAMPEL B, et al. Blocks of hypergraphs－applied to hypergraphs and outerplanarity［C］// Proceedings of the 21st International Conference on Combinatorial Algorithms. Heidelberg：Springer, 2011：201－211.

［219］ BRANDES U, CORNELSEN S, PAMPEL B, et al. Path－based supports for hypergraphs［J］. Journal of Discrete Algorithms, 2012, 14：248－261.

［220］ BERTAULT F, EADES P. Drawing hypergraphs in the subset standard［C］// International Symposium on Graph Drawing 2000. Germany：Springer, Heidelberg, LNCS, 2000（1984）：164－169.

［221］ KEVIN BUCHIN, MARC VAN KREVELD, HENK MEIJER, et al. On Planar Supports for Hypergraphs［C］// Proc. 17th International Symposium on Graph Drawing（2009）, Lecture Notes in Computer Science, 5849. Germany：Springer－Verlag, 2009：345－356.

［222］ M KAUFMANN, M VAN KREVELD, B SPECKMANN. Subdivision drawings of hypergraphs［C］// Proc. 16th International Symposium on Graph Drawing（GD 08）, volume 5417 of LNCS. Germany：Springer, 2009：396－407.

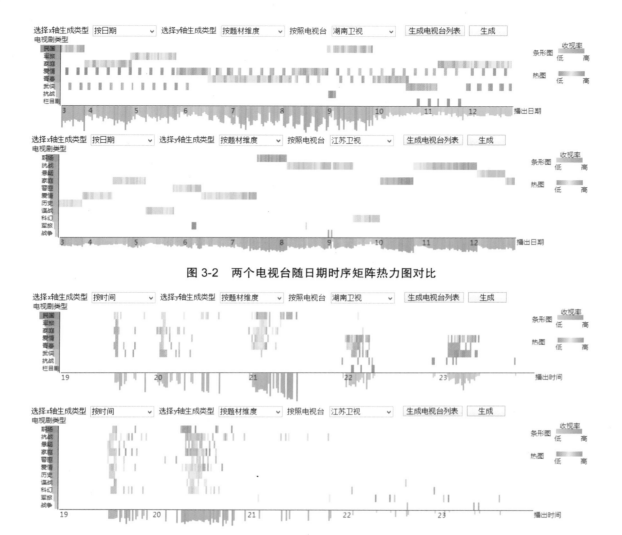

图 3-2　两个电视台随日期时序矩阵热力图对比

图 3-3　两个电视台随时段时序矩阵热力图对比

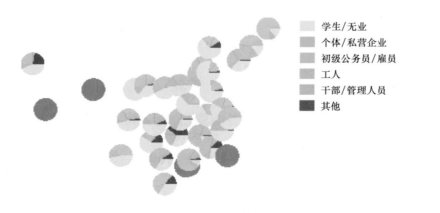

学生/无业
个体/私营企业
初级公务员/雇员
工人
干部/管理人员
其他

图 3-4　基于地理位置直接映射的初始效果图

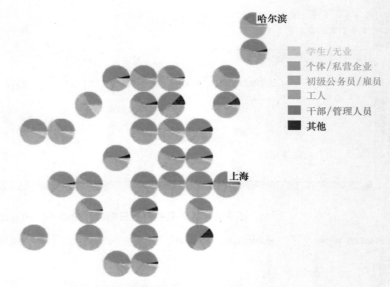

图 3-5　基于地理位置偏移映射的效果图

学生/无业
个体/私营企业
初级公务员/雇员
工人
干部/管理人员
其他

哈尔滨

上海

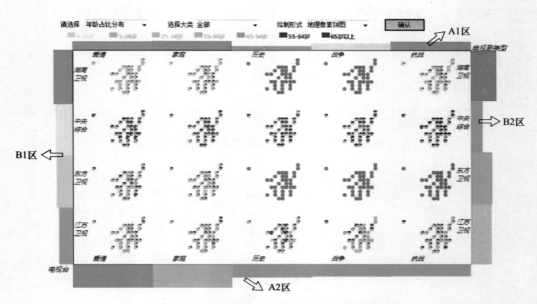

图 3-6　地理矩阵布局的观众年龄占比饼图

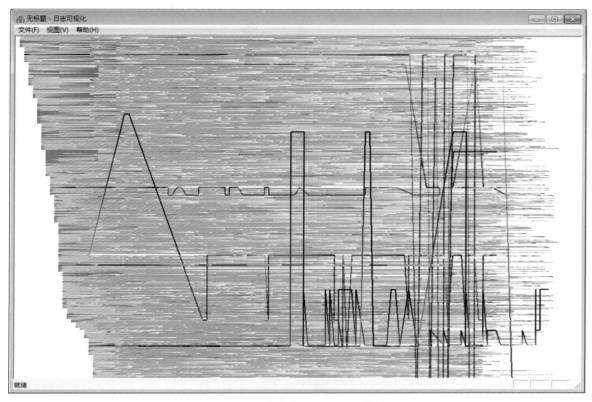

图 4-2　考场所有考生日志可视化效果

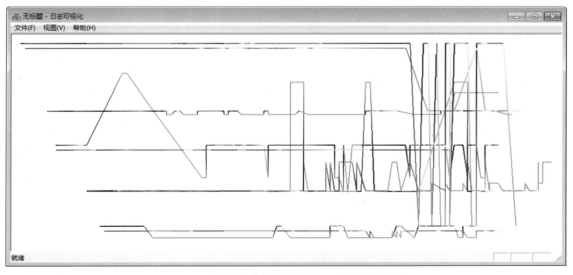

图 4-3　存在异常状态的考生日志可视化效果

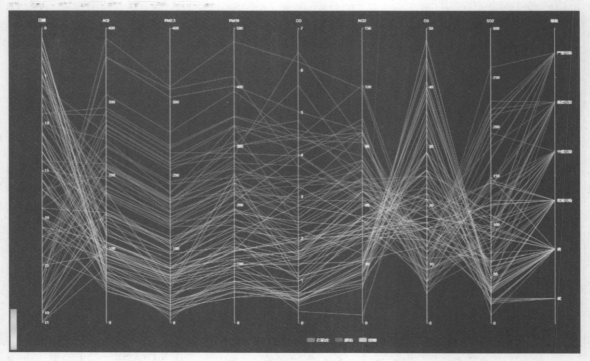

图 5-7 空气质量数据之间的属性关系平行坐标

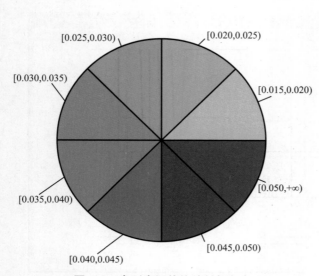

图 6-3 高剧毒评估值映射颜色表

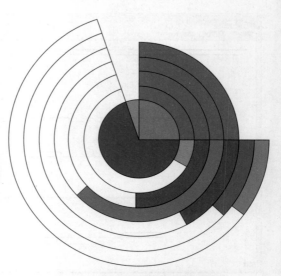

图 6-4 多重放射环实例效果图

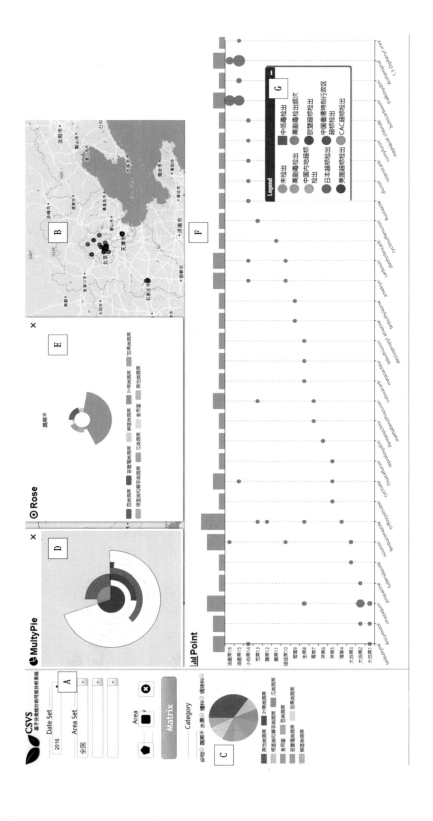

图 6-5　基于分类统计的农残检测数据可视分析系统界面

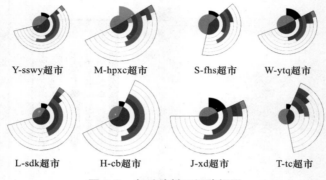

Y-sswy超市　　M-hpxc超市　　S-fhs超市　　W-ytq超市

L-sdk超市　　H-cb超市　　J-xd超市　　T-tc超市

图 6-6　多重放射环矩阵视图

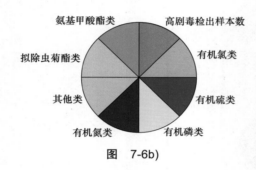

图　7-6b)

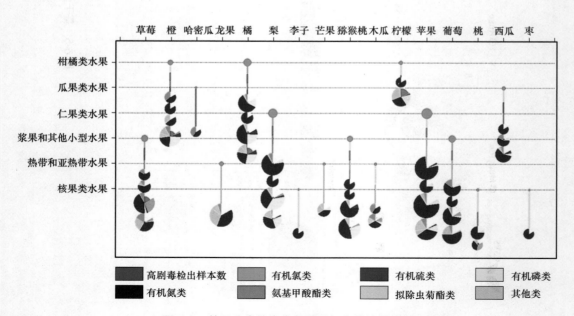

图 7-9　基于分类的农产品项进行多统计量的对比分析

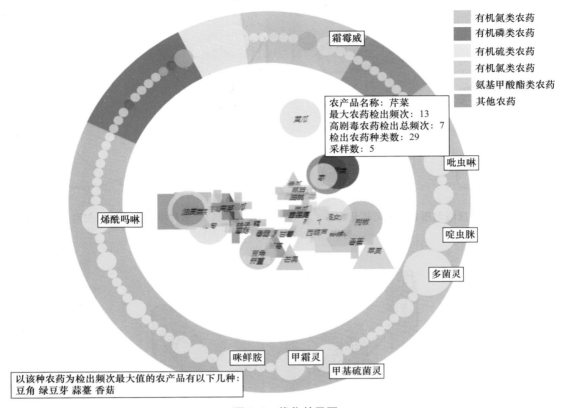

图 8-5　优化效果图

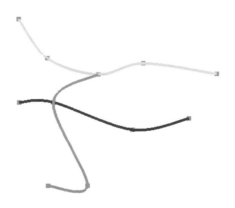

图 9-15　本章平滑曲线式超图可视化效果

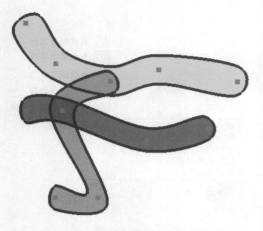

图 9-16　本章区域包围式超图可视化结果

图 9-17　本章平滑曲线式超图可视化效果

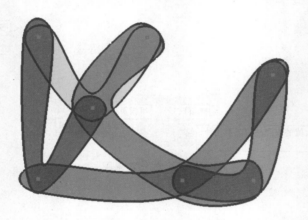

图 9-18　本章区域包围式超图可视化结果

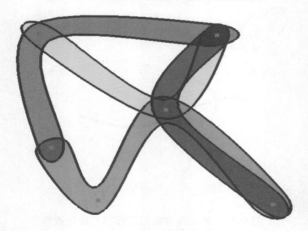

图 9-19　本章区域包围式超图可视化结果